JN102383

区画整理はおそろしい

伊勢健一 著

Parade Books

はじめに

突然、住んでいる土地を三割、土地の場所によっては四割、五割タダで取り上げられたら、そのときあなたは……。

第一部「区画整理入門」で詳しく説明するが、土地区画整理法による事業で施行中の面積は三三、〇五一・四ヘクタールであり、神奈川県の相模原市の面積ぐらいあり、そこには、少なく見積もっても、相模原市の人口約七十二万人の人が居住している。

区画整理後、全体で三割取り上げられ、土地によっては四割、五割取り上げられるところもある。

区画整理後、正当な補償なしに、土地価格の値上がりに応じて土地をタダどりされる。

たとえば、区画整理後、施行者は「土地の価格が値上がりしたので、その値上がり分だけ土地を提供していただくので、決して土地のタダどりではない。区画整理前、一坪十万円の土地を百坪もっていたとする。区画整理後、一坪二十万円になれば、この人は五十坪の土地があれば、以前と変わらない資産がある。つまり、五十坪まで土地を提供していただいても損にはならない」と説明する。

これで、住民は納得するだろうか。

多くの住民は直接土地を利用しているものであり、減歩が三割とすると、今まで百坪の土地に住んでいれば、三十坪減歩されて、七十坪になる。土地の資産価値はかわらないけれども、土地の利用価値は百坪で利用していた者が、七十坪で利用しなくてはならない。

あるいは、百坪の土地で営業していたが、減歩されて七十坪になる。百坪でしか営業できないような商売だったら、商売をつづけることは出来ない。

さらに、大事なことは、区画整理内にいる住民のほとんどが、「土地を自分の生活のために直接使用する道具」と見ている「直接的土地利用者」である。

日本国憲法第二十九条第三項の、「私有財産は、正当な補償の下に、これを公共のために用ひることができる。」に違反している。明らかに「正当な補償」ではない。

第一部では、土地価格の値上がりに応じて土地をタダどりされるしくみについて調べる。

第二部では「京都市洛西第二土地区画整理組合」について、昭和四十六年ごろから、平成十三年の大阪高等裁判所で和解にいたるまでを、実際に体験した住民の立場から述べたい。

令和五年　初秋

目次

第二部　京都市洛西第二土地区画整理組合

第一部

区画整理入門

区画整理の実状

衆議院建設委員会

第五十二回国会衆議院　建設委員会議録　第五号（閉会中審査）の一四項と一五項より、昭和四十一年十一月二十九日（火曜日）午前十時三十三分開議、岡本隆一委員の土地区画整理の問題での質疑部分を引用する。

なお、国会会議録は国立国会図書館のホームページにある国会会議録検索システムで検索できる。

もう一つ、きょうは土地区画整理の問題でお尋ねしておきたいと思います。この前の、だいぶ前の委員会でございましたが、土地区画整理法についてお尋ねをいたしました。私はその節、大阪の駅前の区画整理の問題で住民負担が非常に過大であるから土地区画整理法というものには非常にいろいろな問題があるということを指摘いたしましたところ、いやそういうことはないのだ、住民負担はたいしたことはない、こういうふうな政府並びに大阪の区画整理担当の局長の答弁でございましたし、その後私のところへもいろいろな資料を持って説明に来られまして、一応大体清算金というような固定資産の評価額を基準にしてかけていくものだからたいしたことはない、こういうふうな説明で、そのように了解しておったのです。ところが最近東京におけるところの区画整理の実例をいろいろ聞きました。それによりますと、非常に大きな負担が地域住民にかかってきて、みなもう弱り切っておるというふうな事情がわかってまいりました。たとえば渋谷で安田ミヤ子という人が借地を四十六坪しておった。それが戦災区画整理にあって十八坪減った。だから三九％、約四割土地を減らされて、そうして最近になって百二十万の清算金を払え、こういうことを要求された。また矢木庄司という人は、五十六坪半と四十七坪半の合わせて百四坪の土地を二筆で持っておった。ところがその二筆の土地につきまして三十八坪余り、約三七％の減歩をされて土地を提供した。三七％土地を提供して、片一方は五十八万余りの還付金を受けておりますが、そのかわり片一方に二百七十八万の支払いが出てまいりまして、結局両方で二百二十万というふうな清算金の要求をされておる、こういうふうな状況でございますが、こういうふうに非常に住民負担が大きくなったのでは土地は三割から四割も提供させられるわ、しかも百万、二百万というような膨大な清算金を支払わされる。これはその人の境遇、境遇によっていろいろでありましょう。どんどんその地域が開発されて、商売をしてそれでじゃんじゃんもうかるというふうなことになっていれば支払いは何でもないでしょう。しかしながらそれが普通の勤労者であったり、あるいはそれが、たとえば安田ミヤ子さんという女性がかりに未亡人で細々と暮らしていられるというふうなことであった、そういう場合にとてもそんな百万というようなお金は払えっこないということになってまいると思うのですよ。だから、土地区画整理ということの中には、こうした清算金その他の問題をめぐっていろいろな住民にとって耐えがたい問題が発生しているのじゃないか、こういうふうに思うのでございますが、その辺の事情をひとつ御説明願いたいと思います。

ここで、昭和四十一年ぐらいの出来事であるから、当時百万円、二百万円の金額は現在になおすといくらになるか。

国家公務員の上級（総合職）大卒の昭和四十一年の初任給は二万三千三百円、平成二十七年の初任給は十八万千二百円である。その当時の百万円は現在になおすと、

百万円×（一八一二〇〇÷二三三〇〇）で、

百万円は七百七十八万円となる。

同様に計算して、二百万円は千五百五十五万円になる。

例えば、八十代の女性が、突然、千五百万円支払えといわれても、年金生活をしているので無理である。結局、自分の住んでいる土地を売って出て行けということである。同様な事例が産経新聞の記事にあったので紹介する。

産経新聞　二〇二一年三月九日・大阪夕刊・国際・三社　の記事を引用する。

突然届いた「千三百万円徴収」通知　市、地権者八十代女性に「清算金」請求

埼玉県入間(いるま)市に住む年金生活の八十代女性に昨年十月、市から「千三百万円を徴収します」という内容の通知が突然届いた。「新手の詐欺？」と思ったら、市が三十年以上前から実施する区画整理事業に伴う「清算金」の請求。女性は「なぜこんなことに」と困惑するが、専門家は「今後数年で同様の高額請求を受ける人は増えるだろう」と指摘している。

女性は入間市の西武池袋線武蔵藤沢駅から一キロ弱の一軒家で一人暮らし。市の担当者に「土地を売って出て行けということか」と聞くと「その手もありますね」と返答されたという。支払いのめどは立たず、眠れぬ夜が続く。

（以下省略）

「組合の設立認可処分の取り消し」の判決

区画整理の裁判の判決から重要なものをとりあげる。第二部の同意の中で詳しく説明するが裁判により、土地区画整理組合の設立認可処分が取り消された判決が静岡県と東京都にある。

①　静岡県の浜松市西都土地区画整理組合について
判例地方自治第二四五号（平成十六年一月号）（編集 地方自治判例研究会　発行所株式会社ぎょうせい）の八七項と九〇項より、引用する。

浜松市西都土地区画整理組合設立認可取消請求事件

土地区画整理組合の設立認可処分について、平成十一年改正前の土地区画整理法十八条が要求する定款及び事業計画についての権利者の三分の二以上の同意があるとは

認められないとして取り消された事例

静岡地裁

平成十五年二月十四日判決

土地区画整理組合設立認可処分取消請求事件

平成九年(行ウ)第五号

原告　〇〇〇〇

同　〇〇〇〇

同両名訴訟代理人弁護士　〇〇〇〇

同　〇〇〇〇

被告　浜松市長　〇〇〇〇

同訴訟代理人弁護士　〇〇〇〇

判　　決

○主　　文

一　被告が平成九年二月二十一日付をもってなした浜松市西都土地区画整理組合の設立認可処分は、これを取り消す。

二　訴訟費用は被告の負担とする。

なお、原告は二名で、被告は浜松市長である。

②　東京都の北区田端復興土地区画整理組合について

行政事件裁判例集　第二九巻第三号（最高裁判所事務総局編纂　発行所 財団法人

法曹会）の二八〇項より、引用する。

組合設立認可並びに組合設立無効確認請求事件

東京地方　昭和四二年(行ウ)第百五十六号

昭和五三年三月二三日　判決

原告　〇〇〇〇外一四名

補助参加人　〇〇〇〇外二六二名

被告　東京都知事

北区田端復興土地区画整理組合

〇　判　示　事　項

一、土地区画整理法一八条所定の宅地所有者の同意が、同意書の無断流用等によってされたものとして無効とされた事例

二、土地区画整理法一四条に基づく土地区画整理組合の設立認可処分が、同法一八条所定の宅地所有者の三分の二以上の同意を欠く申請に基づいてされたものとして無効とされた事例

○主　文

一　被告東京都知事が被告北区田端復興土地区画整理組合の設立について昭和三三年一〇月一八日付でした設立認可は無効であることを確認する。

二　原告らと被告北区田端復興土地区画整理組合との間において、同被告の設立は無効であることを確認する。

三　訴訟費用及び参加によって生じた費用は被告らの負担とする。

区画整理の統計

施行中の面積

平成二十八年（二〇一六年）都市計画年報［発行 公益財団法人 都市計画協会］の市街地開発事業の土地区画整理事業の総括表（平成二十八年三月三十一日現在）九三〇項から九八九項までを基にして、図表1・図表2・図表3・図表4を作成する。

図表1、図表2より、土地区画整理法による事業で施行中の区域別の面積は、関東だけで四五パーセントで約半分を占め、以下、中部一四パーセント、東北一三パーセント、近畿九パーセント、九州七パーセントとなっている。

図表3、図表4より、土地区画整理法による事業で施行中の都道府県別の面積の順位は、第一位が埼玉県、第二位が愛知県、第三位が茨城県、第四位が千葉県となっている。

平成二十九年全国都道府県市区町村別面積調（平成二十九年十月一日時点）（国土

交通省国土地理院）と指定都市一覧（平成二十八年十月二十六日現在）（総務省）とを基にして、図表5を作成する。

図表1より、土地区画整理法による事業で施行中の面積は三三、〇五一・四ヘクタールで、図表5の政令指定都市の面積で比較すると、福岡市と相模原市の間に位置するが、相模原市の面積三二、八九一ヘクタールに近い。参考として、平成二十七年国勢調査（総務省統計局）によると福岡市の人口一五三八、六八一人、相模原市の人口七二〇、七八〇人である。

したがって、土地区画整理法による事業で施行中の面積は神奈川県の相模原市の面積ぐらいあり、そこには、少なく見積もっても、相模原市の人口約七二万人の人が居住していることになる。

平成28年（2016年）都市計画年報の「市街地開発事業」の中の「土地区画整理事業」の「総括表 都市別内訳表」

図表1　土地区画整理法による事業で、施行中の区域別の面積（平成28年3月31日現在）

区域名	地区数	面積　ha	面積の割合
北海道	14	680.6	2%
東　北	125	4445.6	13%
関　東	367	14965.9	45%
北　陸	47	1123.9	3%
中　部	152	4681.1	14%
近　畿	101	3002.1	9%
中　国	30	627.5	2%
四　国	5	84.6	0%
九　州	71	2382.2	7%
沖　縄	30	1057.9	3%
全国計	942	33051.4	

図表2　土地区画整理法による事業で、施行中の区域別の面積（平成28年3月31日現在）

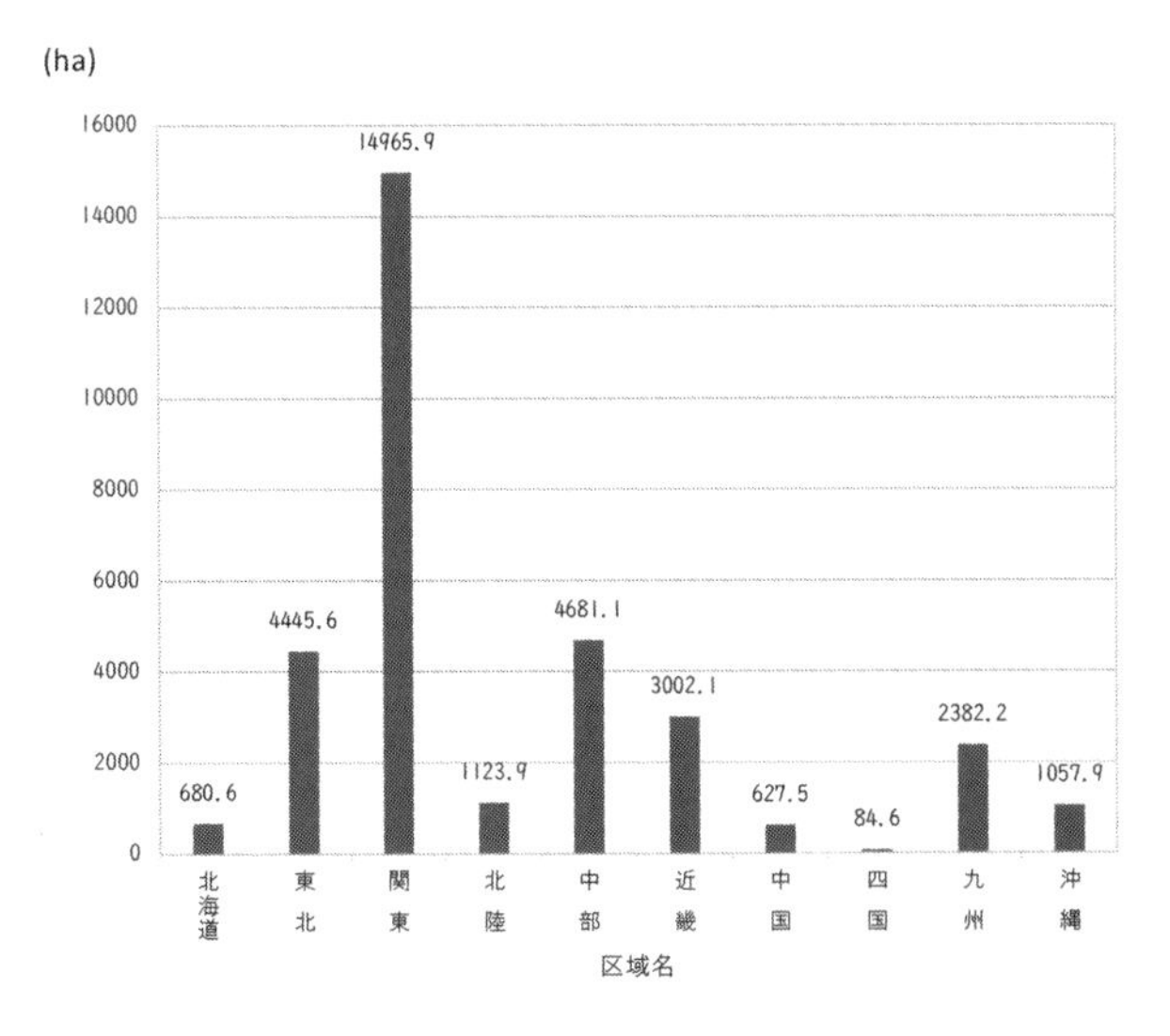

平成28年(2016年)都市計画年報の「市街地開発事業」の中の「土地区画整理事業」の「総括表 都市別内訳表」

図表3　土地区画整理法による事業で、施行中の都道府県別の面積の順位（平成28年3月31日現在）

区域名	地区数	面積　ha
埼玉県	124	5258.2
愛知県	96	3373.3
茨城県	35	2373.6
千葉県	43	2144.9
群馬県	46	1753.0
宮城県	52	1646.5
東京都	49	1396.7
福島県	31	1346.5
沖縄県	30	1057.9
岩手県	29	963.4
合計	535	21314.0

図表4　土地区画整理法による事業で、施行中の都道府県別の面積の順位（平成28年3月31日現在）

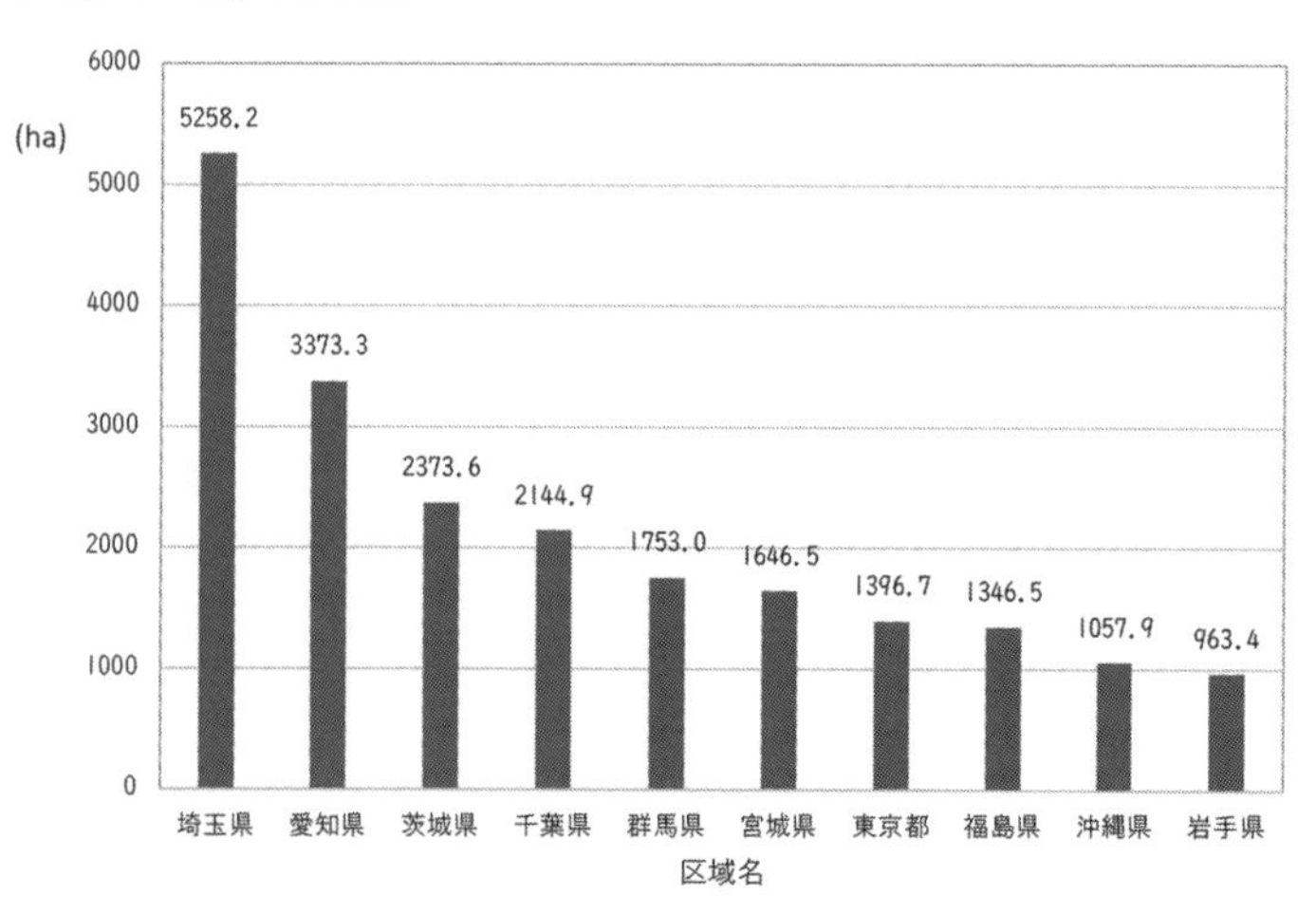

平成29年全国都道府県市区町村別面積調（国土交通省　国土地理院）
（平成29年10月1日時点）（面積の単位：㎢）
政令指定都市は総務省の指定都市一覧（平成28年10月26日現在）

図表5　政令指定都市面積の順位

面積の順位			㎢	ha
1	静岡県	浜松市	1558.06	155806
2	静岡県	静岡市	1411.90	141190
3	北海道	札幌市	1121.26	112126
4	広島県	広島市	906.68	90668
5	京都府	京都市	827.83	82783
6	岡山県	岡山市	789.95	78995
7	宮城県	仙台市	786.30	78630
8	新潟県	新潟市	726.45	72645
9	兵庫県	神戸市	557.02	55702
10	福岡県	北九州市	491.95	49195
11	神奈川県	横浜市	437.56	43756
12	熊本県	熊本市	390.32	39032
13	福岡県	福岡市	343.39	34339
14	神奈川県	相模原市	328.91	32891
15	愛知県	名古屋市	326.45	32645
16	千葉県	千葉市	271.77	27177
17	大阪府	大阪市	225.21	22521
18	埼玉県	さいたま市	217.43	21743
19	大阪府	堺市	149.82	14982
20	神奈川県	川崎市	143.01	14301

（注）全国都道府県市区町村別面積調では、面積の単位は㎢（平方キロメートル）である。しかし、区画整理では、面積の単位はha（ヘクタール）であるので、右端に、平方キロメートルからヘクタールに換算する。

減歩率

平成二十九年度版区画整理年報（CD－ROMのみ）（平成三十年一月発行　監修　国土交通省都市局市街地整備課　編集・発行 公益財団法人区画整理促進機構）の兵庫県の施行中の土地区画整理組合のデータを基にして、図表6と図表7を作成する。

ここで、合算減歩率とは、対象地域の全体から公共用地および保留地にあてるために土地を取り上げる割合である。また、次の図表6において、公共減歩率と保留地減歩率の合計が合算減歩率である。

図表6　平成29年度版 区画整理年報より、兵庫県の施行中の土地区画整理組合

市町村名	施行地区名	施行者名	認可公告日	仮換地指定日	事業終了年度	事業面積(ha)	公共減歩率(%)	保留地減歩率(%)	合算減歩率(%)
神戸市	神戸市潤和山の手台	神戸市潤和山の手台土地区画整理組合	20110216	20110411	2018	9.3	27.7	32.6	60.3
姫路市	垣内津市場	姫路市垣内津市場土地区画整理組合	19950918	19970905	2018	28.1	24.6	6.1	30.7
姫路市	英賀保駅周辺	姫路市英賀保駅周辺土地区画整理組合	19991102	20020405	2022	69.5	23.5	8.4	31.9
姫路市	天満菅原	姫路市天満菅原土地区画整理組合	20140416	20150324	2018	2.1	20.8	26.9	47.7
明石市	明石市松陰山手	明石市松陰山手土地区画整理組合	20110905	20130514	2017	6.2	22	20	42
明石市	明石市住吉３丁目	明石市住吉３丁目土地区画整理組合	20150715	20160415	2017	0.7	25	34.1	59.1
赤穂市	野中・砂子	赤穂市野中・砂子土地区画整理組合	20050215	20071228	2022	45.2	26.7	8.1	34.8
赤穂市	浜市	赤穂市浜市土地区画整理組合	20061013	20081104	2020	22.2	21.3	9	30.3
宝塚市	武田尾	宝塚市武田尾土地区画整理組合	20140304	20140324	2018	1.2	9.99	0	9.99
高砂市	小松原	高砂市小松原土地区画整理組合	20140124	20150814	2018	4.3	22.9	10.3	33.2
加西市	西高室	加西市西高室土地区画整理組合	20130319	20141017	2019	9.3	24.4	18.2	42.6
加東市	加東市天神東掎鹿谷	加東市天神東掎鹿谷土地区画整理組合	20080304	20091102	2018	8.9	22.1	14.2	36.3
稲美町	国安	稲美町国安土地区画整理組合	20010911	20031114	2019	26.2	28.8	5.4	34.2
太子町	JR網干駅西南	太子町JR網干駅西南土地区画整理組合	20121120	20141008	2017	5.6	27.7	11.66	39.36
香美町	香美町山手	香美町山手土地区画整理組合	19980217	20040415	2019	11.7	38.7	21.4	60.1

図表7　平成29年度版 区画整理年報より、兵庫県の施行中の土地区画整理組合の事業面積(ha)と合算減歩率(%)

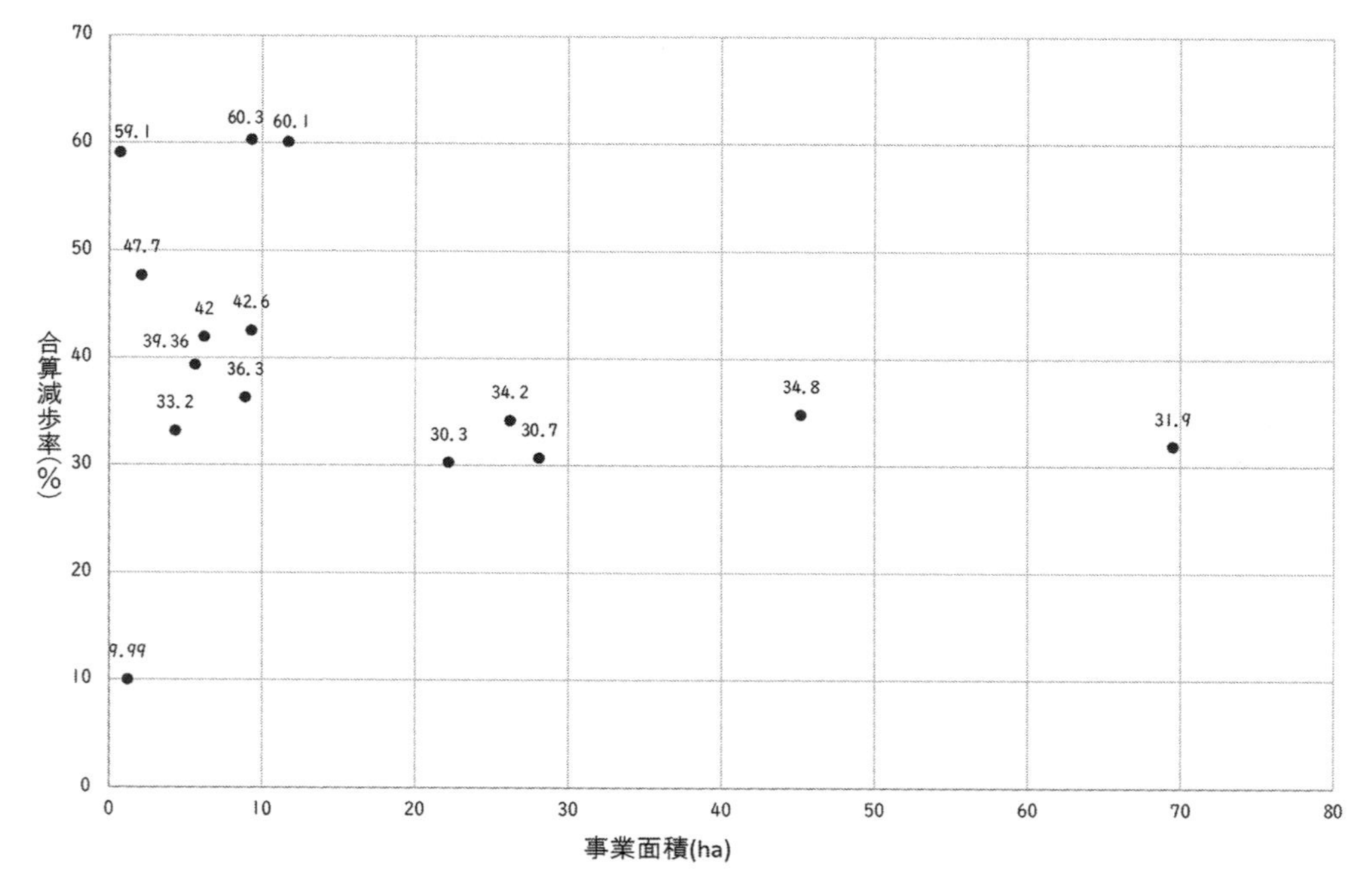

図表6から、事業面積と合算減歩率の散布図を作成すると図表7になる。ここで、事業面積が一一・七ヘクタール（施行地区名　香美町山手）、二二・二ヘクタール（施行地区名　浜市）がでてくるが、どれぐらいの大きさであるのか。

宮内庁京都事務所の説明書によると、「現在の京都御所は築地塀に囲まれた南北約四五〇メートル、東西約二五〇メートルの方形で、面積は約一一万平方メートルである。」と記載されている。一一万平方メートルは一一ヘクタールである。また、二条城は、「東西約六〇〇メートル、南北約四〇〇メートル、総面積二七五〇〇〇平方メートル」と京都市元離宮二条城事務所の「世界遺産・二条城」の概要の説明にある。二七五〇〇〇平方メートルは二七・五ヘクタールである。したがって、京都御所は築地塀に囲まれた面積は約一一ヘクタール、二条城は二七・五ヘクタールである。

図表7より、事業面積が〇・七ヘクタールから一一・七ヘクタールまでは合算減歩率が九・九九パーセントから六〇・三パーセントまで変動する。しかし、事業面積が二二・二ヘクタールからは合算減歩率は三〇パーセントから三五パーセントになる。

したがって、事業面積が二二・二ヘクタールから増加しても合算減歩率は三〇パーセント〜三五パーセントの五パーセントの範囲内でおさまる。

区画整理後、全体で三割取り上げられ、土地によっては四割、五割取り上げられるところもある。

減価補償金
土地区画整理法第百九条

ここで、「区画整理の統計」で説明したように、土地区画整理後、正当な補償なしに、土地価格の値上がりに応じて土地の面積が全体で三割取り上げられ、土地によっては四割、五割取り上げられるようなところもある。このようなことが本当にあるのか。残念ながら、日本国内に、このような土地をタダどりする法律がある。

以下、**日本国憲法**

第二十九条第三項

私有財産は、正当な補償の下に、これを公共のために用ひることが出来る。

に違反することを述べたい。

まず、その核心となる土地区画整理法の第百九条について、調べたい。

土地区画整理法平成一〇年版（平成一〇年三月二〇日発行　監修 建設省都市局区画整理課　編集 土地区画整理法制研究会　発行 株式会社ぎょうせい）の一六六項より、土地区画整理法第百九条を引用する。

なお、ここで土地区画整理法第百九条の条文を大まかに意味の内容をつかむために、傍線を一部引くことにする。

（減価補償金）
第百九条　第三条第三項若しくは第四項又は第三条の四の規定による施行者は、土地区画整理事業の施行により、土地区画整理事業の施行後の宅地の価額の総額が土地区画整理事業の施行前の宅地の価額の総額より減少した場合においては、その差額に相当する金額を、その公告があつた日における従前の宅地の所有者及びその宅地について地上権、永小作権、賃借権その他の宅地を使用し、又は収益することができる権利を有する者に対して、政令で定める基準に従い、減価補償金として交付しなければならない。

右の条文の傍線の部分を点線に変更すると、

「……施行者は、……土地区画整理事業の施行後の宅地の価額の総額が……施行前の宅地の価額の総額より減少した場合においては、その差額に相当する金額を、……宅地の所有者及びその宅地について……権利を有する者に対して、……減価補償金として交付しなければならない。」となる。

簡単にいえば、

「施行者は、土地区画整理施行後の宅地の価額の総額が施行前の宅地の価額の総額より減少した場合においては、その差額に相当する金額を減価補償金として、宅地の所有者及びその宅地について権利を有する者に支払わねばならない。」となる。

具体例で考えると、百坪の宅地を持っている者が区画整理のために二十坪減らされて八十坪になったとする。区画整理前は一坪十万円の土地価格が、区画整理後は一坪十二万円に上がったとする。

区画整理前の宅地の価額の総額は十万円掛ける百坪で一千万円、区画整理後は宅地の価額の総額は十二万円掛ける八十坪で九百六十万円になり、宅地の所有者は区画整理後、宅地の価額の総額が九百六十万円引く一千万円で、四十万円減少する。

ここで、土地区画整理法第百九条により減価補償金四十万円を宅地の所有者に支払わねばならない。

区画整理の事業は数十年ぐらいはかかるものであり、その間に土地の価額は高騰するものであるから、このようなことはほとんど起こらない。

次ぎに、土地区画整理施行後の宅地の価額の総額が施行前の宅地の価額の総額より減少しない場合を条文として書いてない。どのように解釈すればよいのか。

ここで、土地区画整理法第百九条の成立の過程を第一段階から第四段階までに分けて順を追って見ることにする。

○第一段階

大正十二年（一九二三年）九月一日に発生した関東大震災の復興を目的として、大正十二年に旧特別都市計画法の制定（法律第五十三号）

ただし、旧字体は新字体に変更してあります。

官報　号外　第三千四百二号　大正十二年十二月二十四日月曜日　の一項より、引用する。

なお、官報は国立国会図書館のホームページにある国立国会図書館デジタルコレクションで検索できる。

法律第五十三号

特別都市計画法

第八条　第五条ノ土地区画整理ノ施行ニ因リ土地区画整理施行地区内ニ於ケル施行後ノ宅地ノ総面積カ施行前ノ宅地ノ総面積ヨリ一割以上ヲ減少スルニ至リタルトキハ其ノ一割ヲ超ユル部分ニ対シ勅令ノ定ムル所ニ依リ補償金ヲ交付スルコトヲ要ス

これは、区画整理施行後の宅地の総面積が、施行前の宅地の総面積より一割以上減少した場合は、その一割を超える部分について補償金を交付する。つまり、宅地の総面積の一割は無償で没収する。

○第二段階

昭和二十年八月二十日の終戦の翌年、戦災復興を目的として、

昭和二十一年（一九四六年）特別都市計画法の制定（法律第十九号）

ただし、旧字体は新字体に変更してあります。

官報　第五千八百九十九号　昭和二十一年九月十一日水曜日　の六六項より、引用

する。

法律第十九号

特別都市計画法

第十六条　第五条第一項の土地区画整理の施行により、土地区画整理施行地区内における施行後の宅地の総地積が、施行前の宅地の総地積に比し、一割五分以上減少するに至ったときは、その一割五分を超える部分について、土地所有者及び関係者に対して、勅令の定めるところにより、補償金を交付する。

これは、区画整理施行後の宅地の総地積が、施行前の宅地の総地積より一割五分以上減少した場合は、その一割五分を超える部分について補償金を交付する。つまり、宅地の総地積の一割五分は無償で没収する。これは、第一段階の宅地の総面積の一割を無償で没収するを一割五分にかえたものである。

○第三段階

昭和二十四年（一九四九年）特別都市計画法の一部を改正する法律（法律第七十一号）第十六条を次のように改める。

ただし、旧字体は新字体に変更してあります。

官報　号外　第四十二号　昭和二十四年五月十六日月曜日　の一二項より、引用する。

法律第七十一号

特別都市計画法（昭和二十一年法律第十九号）の一部を次のように改正する法律第十六条を次のように改める。

第十六条　第五条第一項の土地区画整理の施行により、土地区画整理施行地区内における施行後の宅地価格の総額が施行前の宅地価格の総額に比し減少したときは、その減少した額について、土地所有者及び関係者に対して補償金を交付する。

これは、「宅地の総地積」を「宅地価格の総額」にかえて、「一割五分」を削除して、逆に、施行後の土地が値上がりすれば、その値上がりに応じて無償で没収出来るようにしたものである。

戦災復興誌　第参巻（昭和三十三年二月二十日発行　建設省編　発行所 財団法人都市計画協会）二九項と三〇項より引用する。

昭和二十一年十一月三日新憲法が公布され、同二十二年五月三日から施行されたのであるが、同法第二十九条の規定と特別都市計画法第十六条第一項の規定との関係について、昭和二十二年六月十八日香川県知事から、また、同月十日高知市長から、それぞれ、戦災復興院総裁に対して、憲法違反の質疑がなされた。これに対して、戦災復興院は、特別都市計画法第十六条第一項の規定は憲法第二十九条の規定の趣旨に抵触するものでない旨を同年十二月六日に回答すると共に、関係都道府県知事に対しても、その旨を通知した。しかるに、総司令部法制局は憲法違反の疑ありとの見解を採り、また法務府調査意見局も同様の意見であったので、これに対して、戦災復興院においては、種々の資料を提出して説明し、長期に亘って折衝を重ねたが、遂に法務府及び総司令部の容るるところとならず、両者の見解に従うこととなった。

よって、特別都市計画法の一部改正を行うこととなり、改正案について閣議を経て総司令部の承認を受け、昭和二十四年四月十八日参議院に提出されるに至ったのである。


参議院と衆議院で審議され法律となったが、参議院建設委員会での政府委員の発言の中に、今回改正する法律の要点がある。

第五回国会参議院建設委員会会議録第八号の一項と二項より引用する。

なお、国会会議録は国立国会図書館のホームページにある国会会議録検索システムで検索できる。

昭和二十四年四月二十三日（土曜日）午後一時四十二分開会された参議院建設委員会の審議の中で、政府委員建設政務次官（赤木正雄君）と政府委員建設事務官（都市局長）（財津吉文君）の発言の中に、減価補償金の考え方を説明している部分があるので、紹介する。

ただし、旧字体は新字体に変更してあります。

なお、ここで政府委員の発言の中に、今回改正する法律案の要点があるので、その部分に傍線を引く。

政府委員　建設政務次官（赤木正雄君）
今回特別都市計画法の一部を改正する法律案の提出理由を御説明いたします。特別都市計画の一部を改正する法律案につきまして、提出理由並びに改正の要旨をお話いたします。
先ず新憲法との関係におきまする第十六条の改正であります。御承知のように、戦災都市復興の基礎を建設するために、目下全国百十五都市の土地区画整理を施行しておるのでありますが、現行の規程によりますと、土地区画整理施行地区内におきまして、施行後の宅地の総地積が、施行前の宅地の総地積に比較いたしまして、一割五分以上減少するに至りましたときに限って、その一割五分を超える部分について、政令の定めるところにより補償金を土地所有者、及び関係者に交付する旨を規定しておりまして、一割五分以下の地積については、補償の規定を設けておらないのであります。これは土地区画整理の施行により、一般宅地の利用が増進し、その価格が高騰する実情を考慮したものでありますが、一面又旧憲法第二十七条の規程によりますと、公共のために必要な所有権の処分については、法律で定めることになつておりましたので、法律上も運営の実際上も支障はなかつたのであります。然るに新憲法第二十九条第三項の規程によりますと、私有財産は正当な補償の下に公共のために用いることができるのでありまして、この規定の精神に照しますと現行の規定は適当と考えられません。よって土地区画整理施行地区内におきまする施行後の宅地価格の総額が、施行前の宅地価格の総額より減少しましたときは、その減少した額について、土地所有者及び関係者に対しまして補償金を交付することに改めることといたしたのであります。

政府委員　建設事務官（都市局長）（財津吉文君）

新憲法二十九条によりますと、「私有財産は、正当な補償の下に、これを公共のために用ひることができる」と書いてございまして、正当な補償があればいいというわけになります。ところで土地の価格が値上りをいたしました場合には、その値上りの分だけは、土地の地積を減じましても、それは不当な減歩だとは言えないと思うのであります。そういう意味におきまして、価格の値上げ分につきましては、それだけのものは減歩で落しても差支ないと、こういうように解釈いたしておるわけであります。それが大体一割五分ぐらいに当つて来るだろうという見通しでありまして、若し特殊な地域におきまして、非常に減歩が甚だしいとか、又は土地の価格の値上りが非常にあるとか、或いは非常に少いとかいうことになりますと、そのところについては、一割五分ということが、或いは狂って来るということになると思います。

政府委員の発言の傍線を引いた部分だけを抜粋する。

要点①

政府委員　建設政務次官（赤木正雄君）
「土地区画整理施行地区内におきまする施行後の宅地価格の総額が、施行前の宅地価格の総額より減少しましたときは、その減少した額について、土地所有者及び関係者に対しまして補償金を交付することに改めることといたしたのであります。」

要点②
政府委員　建設事務官（都市局長）（財津吉文君）
「土地の価格が値上りをいたしました場合には、その値上りの分だけは、土地の地積を減じましても、それは不当な減歩だとは言えないと思うのであります。そういう意味におきまして、価格の値上げ分につきましては、それだけのものは減歩で落しても差支ないと、こういうように解釈いたしておるわけであります。」

条文には、要点①の部分のみを法律の条文として、要点②は条文として書かないけれども、法律として運用する。

○第四段階

第三段階の昭和二十四年特別都市計画法の一部を改正する法律（法律第七十一号）の第十六条が、昭和二十九年に制定された土地区画整理法の第百九条に引き継がれる。

ここで、あらためて、土地区画整理施行後の宅地の価額の総額が施行前の宅地の価額の総額より減少しない場合を、具体例で二つ考える。

百坪の宅地を持っている者が区画整理のために三十坪減らされて七十坪になったとする。区画整理前は一坪十万円の土地価格が、区画整理後は一坪十五万円に上がったとする。

区画整理前の宅地は百坪で一千万円、区画整理後は宅地は七十坪で千五十万円になり、宅地の所有者は区画整理後、宅地の価額の総額が五十万円増加する。

ここで、土地区画整理法第百九条により、宅地の価額の総額が減少した場合は「減価補償金」を支払わねばならないが、五十万円増加したので支払わなくてよいことになる。ただし、宅地の面積は百坪から七十坪になり、三割減少した。

結果として、施行者は宅地の所有者から三十坪の土地を無償で取得したことになる。

宅地の所有者は百坪の宅地が七十坪になり、三十坪をタダでとられたことになる。

さらに、区画整理で百坪の宅地を持っている者が区画整理のために四十坪減らされて六十坪になったとする。区画整理前は一坪十万円の土地価格が、区画整理後は一坪十七万円に上がったとする。

区画整理前の宅地は百坪で一千万円、区画整理後は宅地は六十坪で千二十万円になり、宅地の所有者は区画整理後、宅地の価額の総額が二十万円増加する。

ここで、土地区画整理法第百九条により、宅地の価額の総額が減少した場合は「減価補償金」を支払わねばならないが、二十万円増加したので支払わなくてよいことになる。ただし、宅地の面積は百坪から六十坪に減らされた。

ここで、土地価格の値上がりに応じて、土地の面積が三割でも四割でもとられ、土地によっては五割とられるようなこともある。

日本国憲法第二十九条第三項

区画整理後、施行者は「土地の価格が値上がりしたので、その値上がり分だけ土地を提供していただくので、決して土地のタダどりではない。区画整理前、一坪十万円の土地を百坪もっていたとする。区画整理後、一坪二十万円になれば、この人は五十坪の土地があれば、依然と変わらない資産がある。つまり、五十坪まで土地を提供していただいても損にはならない」と説明する。

これで、住民は納得するだろうか。

日本国憲法第二十九条第三項に、「私有財産は、正当な補償の下に、これを公共のために用ひることができる。」に違反している。明らかに「正当な補償」ではない。

「講座　現代日本の都市問題　8　都市問題と住民運動」第八巻の第三章「辻堂南部地区の町づくり運動」（安藤元雄　島恭彦・西川清治・西山夘三・宮本憲一監修　発行所 汐文社）の三四六項と三四七項より、引用する。

区画整理事業の本質にわたる矛盾がある。それは、住民にとっての土地の価値というものを、単に「地価」という、換価を前提とした金額だけであらわすことの矛盾である。（途中省略）これは土地というものを「換金可能な資産」と見ている人々にとって成立しうる考え方だとしても、その土地を「自分の生活のために直接使用する道具」と見ている人々にとっては成立しないものである。

前者は言うまでもなく、その土地を自分では使用せず、あくまで売買もしくは貸借の対象として現実に換金しようとする人々、つまり大地主や不動産業者である。これに対して後者は、自己使用地だけの所有者、借地人、借家人などであるが、これを一応、直接的土地利用者と呼んでおくことにしよう。これらの直接的土地利用者にとっては、土地は資産価値ではなく、前述の諸条件を一つ一つ合目的的に評価した上での利用価値として目に映じているのだ。

ところが区画整理事業における無償減歩の正当化は、あくまでも地価を軸としている以上、資産価値をカバーするだけであって、利用価値をカバーしてくれない。土地の面積が縮小されれば、利用価値はそれだけ減少するのである。

「区画整理は憲法違反」（平野謙　発行所 株式会社潮出版社）の二〇六項より、引用する。

所有権というものは使用し、収益し、処分することのできる権利であって、土地所有権もまたその例外ではない。宅地所有者は、みずからの所有する宅地を自由に使用したり、収益したり、処分したりする権利を保有するのであって、大地主や不動産業者をのぞけば、おおかたの宅地所有者は自分の宅地を自分の都合のいいように使用する権利を駆使しているまでである。百坪の宅地を所有している人が七十坪に減少されたならば、三十坪分の使用価値が減少することは明らかであって、それは土地の価額の高低に無関係な損失なのである。その損失に対して頬かむりすることは、憲法第二十九条第三項に保障された財産権の侵害にほかならぬ、と法務府は建設次官に勧告したわけである。

多くの住民は直接土地を利用しているものであり、減歩が三割とすると、今まで一〇〇坪の土地に住んでいれば、三〇坪減歩されて、七〇坪になる。土地の資産価値はかわらないけれども、土地の利用価値は百坪で利用していた者が、七十坪で利用しなくてはならない。

あるいは、一〇〇坪の土地で営業していたが、減歩されて七〇坪になる。一〇〇坪でしか営業できないような商売だったら、商売をつづけることは出来ない。

さらに、大事なことは、区画整理内にいる住民のほとんどが、「土地を自分の生活のために直接使用する道具」と見ている「直接的土地利用者」である。

これに対して、直接的土地利用者でない、大地主や大規模な不動産業者が区画整理により得をするのではないか。

「自由と正義」第十五巻第一号一月号「戦災復興都市計画事業における私有地の没収（無償収用）」（古賀勝〈福岡県弁護士会〉 編集兼発行人 事務総長 荻山虎雄　発行所日本弁護士連合会）の一八項より、引用する。

土地区画整理法百九条は、補償する場合を表面に出して文字で現わし、補償しない場合は裏にかくして文字上現わしていない。それ故に、補償する方の印象が強くて、正当な補償が為されるものの如き感じがする。

文言上の印象がどうあろうと、没収はやはり没収である、許るさるべきではない。

あとで土地収用法との比較で、「正当な補償」がなされている事例を紹介する。

土地収用法との比較

土地収用法第九十条

公共の利益となる事業に必要な土地等を収用するときには、土地区画整理法の他に土地収用法がある。
「自由と正義」第十五巻第一号一月号「戦災復興都市計画事業における私有地の没収（無償収用）」（古賀勝〈福岡県弁護士会〉 編集兼発行人 荻山虎雄 発行所 日本弁護士連合会）の一八項より、引用する。

例えば、従来原野であったところに国道が建設されるとするならば、其の計画が発表されただけで地価は上昇する。或人の所有地三百坪（一反）の原野の内百坪が国道敷に収用されたと仮定し、従来一坪千円の地価とすれば、三百坪で総額三十万円である。国道計画の発表により地価が一坪二千円に上昇したとすれば、百坪収用されても、残地二百坪の総価額は四十万円となる。地積は減少しても、総額は十万円増加する。此のように、残地の総額が増加しても、土地収用法では、収用地百坪に対する補償金を支払って来たのであって、法廷では、百坪に対する補償金は、従来、一坪千円であったのが、国道建設の発表により、一坪二千円となった場合に、一坪千円で計算するのか、二千円で計算するのか、何れの単価で計算するのが正しいのか、が争点として争われたのである。

勿論、残地の価額が増加したから、収用地に対する補償はしなくてもよい、などと言う論争は一度もなかった。

古賀勝弁護士の引用からわかるように、土地収用法では、残地の価額が増加しても、収用地に対する補償はしていた。

土地収用法と土地区画整理法とを比較するために、必要な土地収用法の条文を、模範六法　令和2年版（二〇一九年十一月十五日　第一刷発行　編者 判例六法編集委員会代表 竹下守夫　発行所 株式会社三省堂）の七八三項と七九二項と七九三項より、引用する。

土地収用法

昭和二六年六月九日

法律第二一九号

第一章　総則

（この法律の目的）

第一条　この法律は、公共の利益となる事業に必要な土地等の収用又は使用に関し、その要件、手続及び効果並びにこれに伴う損失の補償等について規定し、公共の利益の増進と私有財産との調整を図り、もつて国土の適正且つ合理的な利用に寄与することを目的とする。

（土地の収用又は使用）
第二条　公共の利益となる事業の用に供するため土地を必要とする場合において、その土地を当該事業の用に供することが土地の利用上適正且つ合理的であるときは、この法律の定めるところにより、これを収用し、又は使用することができる。

第六章　損失の補償
第一節　収用又は使用に因る損失の補償

（損失を補償すべき者）
第六十八条　土地を収用し、又は使用することに因って土地所有者及び関係人が受ける損失は、起業者が補償しなければならない。

（個別払の原則）
第六十九条　損失の補償は、土地所有者及び関係人に、各人別にしなければならない。但し、各人別に見積ることが困難であるときは、この限りでない。

（損失補償の方法）
第七十条　損失の補償は、金銭をもつてするものとする。但し、替地の提供その他補償の方法について、第八十二条から第八十六条までの規定により収用委員会の裁決があつた場合は、この限りでない。

（土地等に対する補償金の額）
第七十一条　収用する土地又はその土地に関する所有権以外の権利に対する補償金の額は、近傍類地の取引価格等を考慮して算定した事業の認定の告示の時における相当な価格に、権利取得裁決の時までの物価の変動に応ずる修正率を乗じて得た額とする。

（残地補償）
第七十四条　同一の土地所有者に属する一団の土地の一部を収用し、又は使用することに因って、残地の価格が減じ、その他残地に関して損失が生ずるときは、その損失を補償しなければならない。

（工事の費用の補償）
第七十五条　同一の土地所有者に属する一団の土地の一部を収用し、又は使用することに因って、残地に通路、みぞ、かき、さくその他の工作物の新築、改築、増築若しくは修繕又は盛土若しくは切土をする必要が生ずるときは、これに要する費用を補償しなければならない。

（起業利益との相殺の禁止）

第九十条　同一の土地の所有者に属する一団の土地の一部を収用し、又は使用する場合において、当該土地を収用し、又は使用する事業の施行に因って残地の価格が増加し、その他残地に利益が生ずることがあっても、その利益を収用又は使用に因って生ずる損失と相殺してはならない。

土地収用法で核心となる条文は第九十条である。

第九十条で土地を収用する事業の施行によって、残地の価格が増加することがあってもその利益を収用によって生ずる損失と相殺してはならない。

以上が日本国憲法第二十九条第三項にある「正当な補償」にあたる。

土地区画整理法第百九条にある「土地の価格が値上がりした場合には、その値上がり分だけは、その土地の地積を減じる。」ことを、土地収用法第九十条（起業利益との相殺の禁止）は禁止している。

「区画整理は憲法違反」（平野謙　発行所 株式会社潮出版社）の二〇六項と二〇七項より、引用する。

公共用地取得の方法に、土地収用法と土地区画整理法とのふたつがあることはよく知られているが、すべて収用した土地に対して補償金を支払う建て前の土地収用法は、またその第九十条には「同一の土地所有者に属する一団の土地の一部を収用し、又は使用する場合において、当該土地を収用し、又は使用する事業の施行に因って残地の価格が増加し、その他残地に利益が生ずることがあっても、その利益を収用又は使用に因って生ずる損失と相殺してはならない」と規定されてある。このことは区画整理施行後の土地の値上がりと、減歩された土地の損失とを、その価格において相殺することを禁止する条文たることを意味していよう。ひとしく公共用地取得の方法におい て、ひとつは補償金を支払い、他のひとつは補償金を支払わなくてもすむということも、ひとつは施行前後の相殺を法的に認めず、他のひとつは施行前後の相殺を法的根拠とするなどという相反する法律が併存するとは、法体系の矛盾といわねばなるまい。

区画整理計画を白紙撤回させて、住民のための町づくり運動へ

辻堂南部地区

実際に、土地区画整理事業の話がでたときに、どうすればよいか。それは区画整理計画を白紙撤回させて、住民による町づくり運動をすることである。神奈川県藤沢市の辻堂南部地区の土地区画整理事業についてみる。

「講座　現代日本の都市問題　8　都市問題と住民運動」第八巻の第三章「辻堂南部地区の町づくり運動」（安藤元雄　島恭彦・西川清治・西山夘三・宮本憲一監修　発行所　汐文社）の三二〇項と三二一項、三三一項と三三二項より、引用する。

三二〇項と三二一項より、引用する。

説明会の開催までに、市当局はかなり周到な事前工作を積み上げていた。すでに昭和三二年に、「藤沢市総合都市計画」なるものが決定されていた。これによると、辻堂南部地区には二本の幹線道路が貫通することになっている。一本は駅からまっすぐ南下して湘南新道に出、十字交差して団地わきをぬけ、海岸に達するもの（通称「南北線」）、もう一本は地区の中央付近でこれと直交するもの（通称「東西線」）である。

いずれも幅一五メートル。どちらも観光道路や産業道路の補助路線の性格をもつ、通過用の道路だ。市当局は計画決定と同時に公表した筈だというが、都市計画の常として、住民には少しも徹底されていない。住民の大半はこんな道路計画があること自体を知らなかった。住宅地の中を一直線に新設する道路だから、移転を強要される家屋が多いのは当然だ。

辻堂南部地区の区画整理が、この都市計画をたやすく実現するための手段として考えられたことは明白である。しかし藤沢市当局は、この計画に住民の基本的な要望をからませて来た。急速に発展した住宅地の例に洩れず、この地区でも道路、排水溝などの公共施設が劣悪をきわめていた。道はせまいし、迷路のように入り組んでいるし、雨が降れば水溜りができて通行不能となる個所さえある。旧辻堂砂丘の団地のはずれには市の下水道終末処理場ができているのに、そこまで下水管を敷いてもらえない。町全体としては静かな海岸町の雰囲気が保たれているのだが、その足もとは粗末の限りである。

そこで市当局は、「区画整理をすれば道路も舗装され、下水も完備する」と宣伝して来た。

実は一皮めくればどこにでもある「二重投資回避論」で、この地区はいずれ区画整理をするのだからという理由で、何年もの間道路にも下水にも何ら手をつけずに見送って来たのだ。

市がわざわざ劣悪な状態を招いておいて、今度はそれを改善するためと称して区画整理を押しつけるわけである。

三三一項と三三二項より、引用する。

抜け駆けに失敗した市当局は八月二〇日建設省に「明年度の着工は見送る」と連絡して、補助金申請を取り下げたが、住民側はおさまらず、「市長の口から説明を聞こう」と会見を要求した。

「これまでの対市交渉には紳士的に交渉団だけを送っておいたが、交渉団は甘く見られているのではないか。われわれは自分の目と耳で市の真意をたしかめたい」という突き上げがあって、九月四日、市役所の市長応接室は交渉団を含めた五〇人の「守る会」会員で満員になった。そして、市会議員たちや新聞記者たちも見守る中で、市長は、

一、今後は必ず住民と充分協議してからでなければ、いかなる手続きも進めない。

二、辻堂南部の区画整理案も都市計画街路案も、ともに白紙撤回する。

三、同地区の排水問題については応急措置をとる。

と言明したのである。このあとさらに市長は「私は農家の出で、屋敷も千坪ぐらいあるが、もし私が辻堂南部あたりに住んでいて、百坪二百坪の中から二三％もとられ

るとなったら、私だって反対しただろう」とも語った。そして辻堂南部の区画整理を担当するために市役所内に設けられていた「整地第二課」は十月二十六日付で正式に解散してしまった。

辻堂南部地区の住民による町づくり運動から、次の二つの問題点が浮かび上がる。

第一は、都市計画道路の新設・拡張を区画整理により、住民の減歩によって作ろうとする。しかし、原点にもどって、今の住環境に都市計画道路が必要かどうかを考える。不要なら、計画を白紙にもどす。

第二は、「区画整理をすれば道路も舗装され、下水も完備する。」と宣伝するために、何年もの間、道路の舗装と下水の整備をしない。環境を整備することは市の責任であり、そのために、住民は税金を支払っているのである。

区画整理と都市計画道路

区画整理は日本国憲法第二十九条第三項違反であるが、仮に区画整理が行われるとしたら、どのようなことが起きるのか。都市計画道路の新設・拡張を区画整理により、住民の減歩によって作ろうとする。

都市計画道路はすべての国民が利用する道路であり、すべての国民の負担において作らねばならない。ところが、区画整理は区画整理の施行地区内の住民のみが土地をだしあって行うものであるから、区画整理で都市計画道路を作ってはいけない。

都市計画道路は区画整理施行地区の住民のみならず、広く一般に利益が及ぶものであるから全体で負担するのが適切である。

簡単なモデルで、都市計画道路を区画整理で作ると、減歩率がどれだけ上昇するか考えてみる。図表8にあるように、区画整理前は一〇万坪の面積で、正方形で辺の長さが五七五メートルであると考える。区画整理後は二本の都市計画道路が中央で交差する。県道は幅員が三〇メートル、国道は幅員が四〇メートルとする。その結果、二本の都市計画道路の面積は三九、〇五〇平方メートルで、全体の約一二パーセントが都市計画道路の用地となる。

例えば、区画整理施行地区の一〇万坪の減歩率が三〇パーセントとすると、都市計画道路の用地の占める割合が一二パーセントであり、いかに大きいかがわかる。逆に、都市計画道路を区画整理の中で作らなければ、減歩率は一八パーセントになる。

図表8

区画整理前（10万坪）

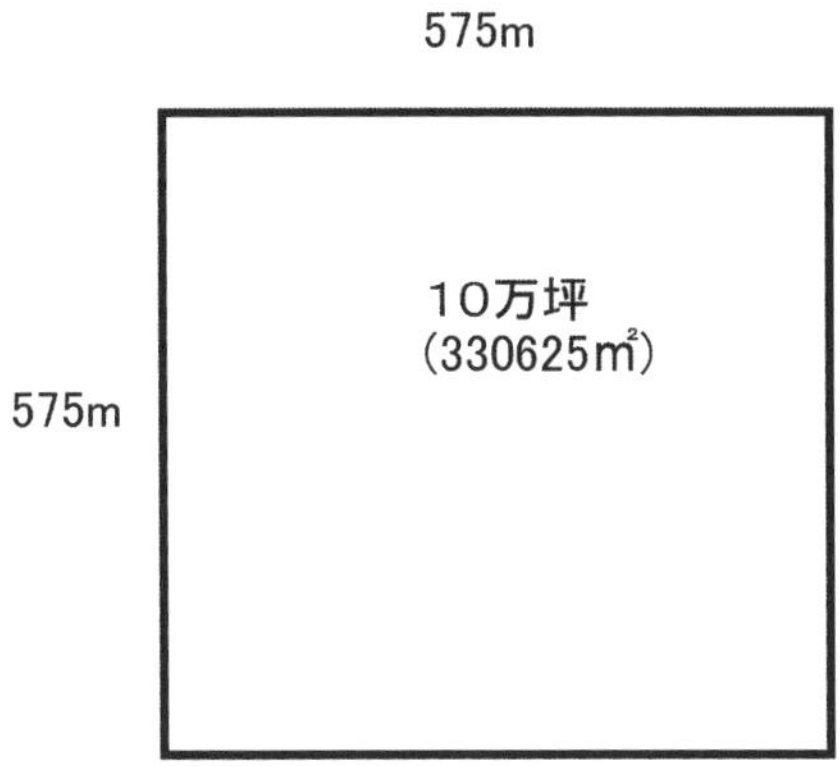

575m

575m

10万坪
（330625㎡）

辺の長さが575mの正方形の面積は　575×575=330625㎡
1坪を3.30578㎡とすると、330625㎡は330625÷3.30578=100014.21…
坪で10万坪となる。

区画整理後

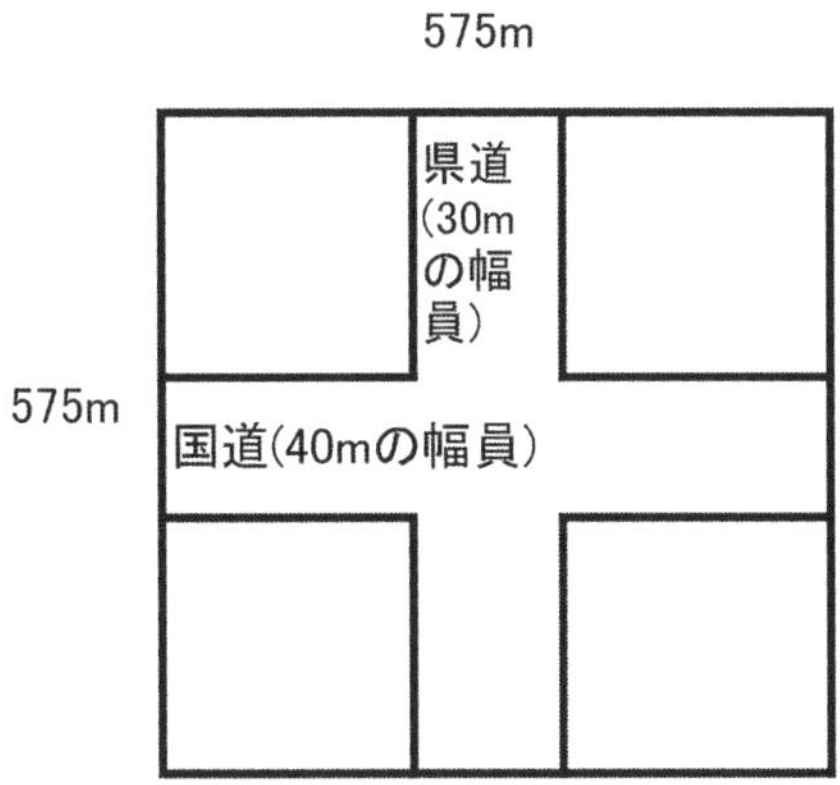

575m

575m

県道
（30m
の幅
員）

国道（40mの幅員）

2本の都市計画道路の面積は575×30+575×40−30×40=39050㎡
区画整理の施行地区内に占める2本の都市計画道路の面積の割合は、
39050÷330625×100=11.81…パーセントで、約12パーセントである。

第二部

京都市洛西第二土地区画整理組合

同意

同意のとりかた

昭和四十六年ごろ、某準備委員が戸別訪問をされ、同意書を示し、署名捺印したのですが、その時、定款及び事業計画については一切説明を受けていません。

しかし、京都市洛西第二土地区画整理組合が昭和五十四年四月十六日付で京都市から組合設立認可が公告される。区画整理の施行地区は、北を松尾橋、南を桂離宮、東を桂川、西を通称みこし道と阪急電車嵐山線に限られた区域であって、九六・六ヘクタールである。

では、このような場合、どうすればよいのか。まず、土地区画整理組合の設立認可の条件は、土地区画整理法第十八条にある。

土地区画整理六法平成十年版（平成十年三月二十日発行　監修 建設省都市局区画整理課　発行 株式会社ぎょうせい）の二七項より、土地区画整理法第十八条を引用する。これは法律第二五号（平成十一年三月三十一日）による改正前のものである。

（定款及び事業計画に関する宅地の所有者及び借地権者の同意）

第十八条　第十四条第一項に規定する認可を申請しようとする者は、定款及び事業計画について、施行地区となるべき区域内の宅地について所有権を有するすべての者及びその区域内の宅地について借地権を有するすべての者のそれぞれの三分の二以上の同意を得なければならない。この場合においては、同意した者が所有するその区域内の宅地の地積と同意した者が有する借地権の目的となつているその区域内の宅地の地積との合計が、その区域内の宅地の総地積と借地権の目的となつている宅地の総地積との合計の三分の二以上でなければならない。

ここで第十八条にある「同意」という言葉を調べる。法律学小辞典第五版（編集代表 高橋和之・伊藤眞・小早川光郎・能見善久・出口厚　発行所 株式会社有斐閣）の九七四項の「同意」を引用する。

同意

一般に、他人の行為を肯定する意思を示すことをいう。ある行為が法律上完全な効力を生ずるために同意が必要とされる場合は法律上極めて多い〔憲54・95、民5・13・38・857・864・737、民訴261・300等〕が、同意を得ない行為の効力（無効か取り消すことのできるものか）、あるいは同意の方法（事前にしかできないか、それとも事後でも可能か）などは、法律の規定によって異なる。民法を例にとれば、未成年者が、法定代理人の同意を得ないでした法律行為は取り消すことができる〔民5〕が、父母の同意を得ないで婚姻しても〔民737〕、婚姻の届出が受理された場合には完全に有効であって取り消すことはできない〔民743〕。

裁判により、土地区画整理組合の設立認可処分を取り消すことができるか。さっそく判例を調べると、定款及び事業計画について権利者の三分の二以上の同意がないとして取り消された静岡地裁の平成十五年二月十四日の判決が存在することが判明する。
まず、静岡県の浜松市西都土地区画整理組合設立認可取消請求事件の判決を調べることにする。

静岡県の浜松市西都土地区画整理組合

静岡県の浜松市西都土地区画整理組合について

判例地方自治　第二四五号（平成十六年一月号　編集 地方自治判例研究会　発行所 株式会社ぎょうせい）の八七項と九〇項より、引用する。

浜松市西都土地区画整理組合設立認可取消請求事件

土地区画整理組合の設立認可処分について、平成十一年改正前の土地区画整理法十八条が要求する定款及び事業計画についての権利者の三分の二以上の同意があるとは認められないとして取り消された事例

静岡地裁

平成十五年二月十四日判決

土地区画整理組合設立認可処分取消請求事件

平成九年(行ウ)第五号

原告　〇〇〇〇

同　〇〇〇〇

同両名訴訟代理人弁護士　〇〇〇〇

同　〇〇〇〇

被告　浜松市長　〇〇〇〇
同訴訟代理人弁護士　〇〇〇〇

判　決

〇主　文

一　被告が平成九年二月二十一日付をもってなした浜松市西都土地区画整理組合設立認可処分は、これを取り消す。
二　訴訟費用は被告の負担とする。

なお、原告は二名で、被告は浜松市長である。
二人の原告が原告ら以外の者の同意の有効性を争うことが出来るかについて静岡地

裁の判断は、判例地方自治第二四五号（平成十六年一月号　編集 地方自治判例研究会　発行所 株式会社ぎょうせい）の一〇〇項より、引用する。

被告は、原告らが原告ら以外の者の同意の有効性を争うことは自己の法律上の利益に関係のない違法事由の主張である旨主張する。しかし、法十八条が定款及び事業計画について権利者の三分の二以上の同意を要求しているのは、土地区画整理組合の設立認可が権利者個々人の利害に密接に絡んで、それぞれの利害関係に影響を及ぼす処分であることに鑑み、一定数の同意を要求することによって権利者個々人の権利ないし利益を保護するためであると解されるから、権利者の三分の二以上の同意があるか否かに関わる主張は原告ら権利者各自にとって自己の法律上の利益に関係のあるものというべきであって、この点に関する被告の上記主張は採用することができない。

同意書の署名押印を求める前に定款及び事業計画についての説明がなかったとしても、区画整理組合の設立に同意する意思で同意書に署名押印したのであればそれで充分であるかについて、静岡地裁の判断は、判例地方自治第二四五号（平成十六年一月号　編集 地方自治判例研究会　発行所 株式会社ぎょうせい）の九九項より、引用する。

被告は、法十八条の同意は事業計画に則った区画整理組合を設立することの同意であるから、仮に同意書の署名押印を求める前に定款及び事業計画についての説明がなかったとしても、区画整理組合の設立に同意する意思で同意書に署名押印したのであればそれで充分である旨主張する。しかしながら、定款及び事業計画は区画整理組合の設立に関して同意するか否かを判断するための前提となる重要な事柄であり、それゆえに、法は定款及び事業計画の両方につき同意することを要求しているものと解されるのであるから、被告の上記主張はその重要性を軽視する解釈であって採用することができない。

定款及び事業計画の内容はどんなものであればよいのかについて静岡地裁の判断は、

判例地方自治第二四五号（平成十六年一月号　編集 地方自治判例研究会　発行所 株式会社ぎょうせい）の九七項と九八項より、引用する。

法十八条（平成十一年三月法律第二十五号による改正前のもの、以下同じ）は土地区画整理組合の設立認可を申請しようとする者は、「定款及び事業計画について、施行地区となるべき区域内の宅地について所有権を有するすべての者及びその区域内の宅地について借地権を有するすべての者のそれぞれの三分の二以上の同意を得なければならない。」と規定している。そして、事業計画については、建設省令で定めるところにより、施行地区（施行地区を工区に分ける場合においては施行地区及び工区）、設計の概要、事業施行期間及び資金計画を定めなければならないと規定されており（法十六条、十四条、六条）、資金計画は、資金計画書を作成し、収支予算を明らかにして定めなければならないとされている（法施行規則七条）。しかして、この資金計画は、当該事業遂行における財政面での健全性を検討するにつき重要な意義を有するものといわなければならない。

また、定款については、施行地区（施行地区を工区に分ける場合においては施行地区及び工区）に含まれる地域の名称、事業の範囲、参加組合員に関する事項、費用の分担に関する事項、役員の定数、任期、職務の分担並びに選挙及び選任の方法に関する事項、総会に関する事項等、一定の事項を記載しなければならない旨規定されている（法十五条（平成十一年七月法律第八十七号による改正前のもの、以下同じ））。しかして、この定款についても、人的かつ財政的な面において当該事業遂行上重要な利害関係を有するといわなければならない。

したがって、法十八条にいう施行地区となるべき区域内の権利者の三分の二以上の同意は定款及び事業計画についてなされることが必要であり、事業計画についての同意というためには、資金計画の定めのある事業計画についての同意でなければならず、また、定款についても、上記一定の事項を理解したうえでの同意でなければならないというべきである。

権利者の三分の二以上の同意がないとした静岡地裁の判断は、判例地方自治第二四五号（平成十六年一月号　編集 地方自治判例研究会　発行所 株式会社ぎょうせい）の一〇〇項より、引用する。

本件施行区域の権利者は五四一名であり、その三分の二以上の同意とは三六一名以上の同意であるが、本件認可申請時点における全同意者は四二二名（ここでは有効・無効を問わない。）であるところ、同意者のうち、何名の者が平成七年五月六月説明会に出席していたかは不明であり、また、同意者のうち、平成八年六月説明会に参加したことが明らかとなっている二一九名を除けば、何名の者が別紙二（枝番を含む）による説明を受けたかは明らかではない。したがって、証拠上、別紙二（枝番を含む）に基づいて説明を受けたと認められる者は平成八年六月説明会に出席した二一九名にとどまるから、平成八年六月説明会に出席した二一九名全員が、別紙二（枝番を含む）の配布を受けて、定款及び事業計画について有効な同意をしたと仮定しても、この人数の同意では権利者の三分の二以上の同意に満たないのである。以上によれば、本件処分は法一八条に違反していることとなる。そうすると、本件では、その余の争点について検討するまでもなく、本件処分は無効である。

なお、詳しい判決の内容は、判例地方自治第二四五号（平成十六年一月号　編集地方自治判例研究会　発行所 株式会社ぎょうせい）の八七項から一〇〇項までに記載されている。

判例タイムズ一一七二号（二〇〇五年四月十五日発行　発行人 浦野哲哉　編集人渡邊眞哉　発行 株式会社判例タイムズ社）の一五〇項より、認容・控訴（後和解）とある。

静岡地裁の判決からわかることは、定款及び事業計画について区域内の権利者の三分の二以上の同意を得てないものについては、浜松市西都土地区画整理組合の場合のように組合設立の認可処分を取り消すことができる。しかも、二人の原告だけで取り消すことができる。

もし、「組合設立の認可処分を取り消せばよい」ことがわかっていれば、区画整理に三十一年間も煩わされることはなかったであろう。

つぎに、東京都の北区田端復興土地区画整理組合の設立認可処分が同意書の無断流用等によって取り消された判決を調べることにする。
なお、田端は、大正五年から昭和の初期にかけて芥川龍之介、室生犀星、菊池寛、堀辰雄、萩原朔太郎、土屋文明らが移り住み文士村と呼ばれた。

東京都の北区田端復興土地区画整理組合

東京都の北区田端復興土地区画整理組合について
行政事件裁判例集第二九巻三号（最高裁判所事務局編纂　発行所 財団法人 法曹会）の二八〇項より、引用する。

組合設立認可並びに組合設立無効確認請求事件

東京地方　昭和四二年(行ウ)第百五十六号
昭和五三年三月二三日　判決

原告　○○○○外一四名
補助参加人　○○○○外二六二名
被告　東京都知事
北区田端復興土地区画整理組合

○　判　示　事　項

一、土地区画整理法一八条所定の宅地所有者の同意が、同意書の無断流用等によってされたものとして無効とされた事例

二、土地区画整理法一四条に基づく土地区画整理組合の設立認可処分が、同法一八条所定の宅地所有者の三分の二以上の同意を欠く申請に基づいてされたものとして無効とされた事例

○主　　文

一　被告東京都知事が被告北区田端復興土地区画整理組合の設立について昭和三三年一〇月一八日付でした設立認可は無効であることを確認する。

二　原告らと被告北区田端復興土地区画整理組合との間において、同被告の設立は無効であることを確認する。

三　訴訟費用及び参加によって生じた費用は被告らの負担とする。

この場合、組合の設立認可処分を取り消すには、宅地の所有者の三分の二以上の同意がないことをしめせばよい。東京地裁の判断は、行政事件裁判例集第二九巻三号（最高裁判所事務局編纂　発行所 財団法人 法曹会）の三六〇項と三六一項より、引用する。

以上検討したところによれば、被告組合の設立認可申請にあたつて法一八条所定の同意をしたとされる宅地所有者四四八名のうち、前記㈢の2、4、㈣の8、56、57、58、67、68、69、75、㈤の70、㈥の71の一二名及び前記㈦の(58)に記した三八名の合計五〇名については、法一八条所定の宅地所有者の同意としての効力が認められないことになる。

そうとすれば、被告組合の設立認可申請当時における宅地所有者の同意者数は、被告ら主張の四四八名から右の五〇名を差引いた三九八名ということになり、当時の宅地所有者総数六一九名の三分の二（すなわち四一三名）以上に達しないことは明らかであつて、この点において、被告組合の設立行為は、法一八条所定の宅地所有者の同意が法定数に達していないという組合設立行為についての根本的かつ重要な法規の違反があるものとして無効というべきであり、したがつてまた被告組合の設立認可申請にはその重要な実体的要件を欠くという重大な瑕疵があることになり、前記三で説示したとおりこれを前提とする本件認可処分は無効であるといわなければならない。

裁判では五十名の同意が無効であることがしめされ、その内訳は以下のとおりである。

○未成年者の同意　二名
○死者の同意　八名
○共同相続人のうちの一人の同意を欠くもの　一名
○借地権者としての同意　一名
○無断流用あるいは無断作成の同意書による同意　三八名

なお、詳しい判決の内容は、行政事件裁判例集（最高裁判所事務局編纂　発行所財団法人 法曹会）の第二九巻三号の二八〇項から三六四項までに記載されている。

別冊ジュリスト一〇三号街づくり・国づくり判例百選（編集人 後藤安史　発行人江草忠敬　発行所 株式会社有斐閣）の一〇一項より、本件判決後、北区田端復興土地区画整理組合及び東京都知事は控訴したが、結局高裁段階で、法百二十八条の規定により、東京都が北区田端復興土地区画整理組合の事業を承継し、北区田端復興土地区画整理組合は解散することを主たる内容とする和解が成立している。

「違憲の区画整理を告発する」（江川二郎　発行所 社会評論社）の本に、東京都の北区田端復興土地区画整理組合の設立認可処分が同意書の無断流用等によって取り消される経過が詳しく書いてある。

なぜ、定款及び事業計画に同意することをはぶくのか

静岡県の浜松市西都土地区画整理組合と東京都の北区田端復興土地区画整理組合について、なぜ、定款及び事業計画に同意することをはぶくのであろうか。

たとえば、自宅を新築するときに工務店と、いきなり、請負契約書に署名してハンコを押すというようなことは絶対にしないはずである。

まず、家族の意見を聴いて間取り等の図面を作成し、キッチン・浴室・トイレ等の設備機器を決めて、見積書を作成するはずである。建物の図面と見積書が出来てはじめて工務店と請負契約を結ぶことになり、最後に、請負契約書に署名してハンコを押すことになる。これが家を新築するときの契約に至るまでの経過である。

区画整理においても同じで、定款及び事業計画に同意することをはぶいて、すぐに同意書に署名してハンコを押すというようなことはしないはずである。土地に関することなのでよく検討しないといけない。

ここで定款及び事業計画に同意するということは自分の住んでいる土地がどのよう

になるのか等の問題点とあわせて、以下に述べる①、②、③等の事柄を定款及び事業計画から、よく検討した上で、同意書に署名してハンコを押すはずである。

①　減歩率について

本文中の三〇項より引用する。

したがって、事業面積が二二・二ヘクタールから増加しても合算減歩率は三〇パーセント～三五パーセントの五パーセントの範囲内でおさまる。

区画整理後、全体で三割取り上げられ、土地によっては四割、五割取り上げられるところもある。

②　都市計画道路について

本文中の六五項より引用する。

都市計画道路はすべての国民が利用する道路であり、すべての国民の負担において作らねばならない。ところが、区画整理は区画整理の施行地区内の住民のみが土地をだしあって行うものであるから、区画整理で都市計画道路を作ってはいけない。都市計画道路は区画整理施行地区の住民のみならず、広く一般に利益が及ぶものであるから全体で負担するのが適切である。

③「区画整理をすれば道路も舗装され、下水も完備する。」について

本文中の六四項より引用する。

第二は、「区画整理をすれば道路も舗装され、下水も完備する。」と宣伝するために、何年もの間、道路の舗装と下水の整備をしない。環境を整備することは市の責任であり、そのために、住民は税金を支払っているのである。

しかし、定款及び事業計画の内容から①、②、③等の事実が明るみに出れば区画整理に同意できないのではないか。

建築行為等の制限

土地区画整理法第七十六条第一項

住宅を建てる場合、工務店と建築主が建設工事請負契約をする。そして、工務店が建築確認申請書を自治体の建築確認審査課に提出して、問題がなければ、建築確認通知書が交付されて、建築工事に着手することになる。

ところが、区画整理施行区域内の土地で住宅を建てる場合、土地区画整理法第七十六条第一項の許可が必要となる。

土地区画整理必携55（発行　昭和五十五年二月十五日　監修 建設省都市局区画整理課　発行所 全国加除法令出版株式会社）の二八項と二九項より、土地区画整理法第七十六条第一項を引用する。

（建築行為等の制限）

第七十六条　左の各号に掲げる公告があつた日後、第百三条第四項の公告がある日までは、施行地区内において、土地区画整理事業の施行の障害となるおそれがある土地の形質の変更若しくは建築物その他の工作物の新築、改築若しくは増築を行い、又は政令で定める移動の容易でない物件の設置若しくはたい積を行おうとする者は、建設大臣が施行する土地区画整理事業にあつては建設大臣の、その他の者が施行する土地区画整理事業にあつては都道府県知事の許可を受けなければならない。

一　個人施行者が施行する土地区画整理事業にあつては、その施行についての認可の公告又は施行地区の変更を含む事業計画の変更（以下本項において「事業計画の変更」という。）についての認可の公告

二　組合が施行する土地区画整理事業にあつては、その設立についての認可の公告又は事業計画の変更についての認可の公告

三　市町村、都道府県、市町村長、都道府県知事又は建設大臣が施行する土地

区画整理事業にあつては、事業計画の決定の公告又は事業計画の変更の公告

ここからは実際に京都市で起こったことを時系列で並べてみる。

○昭和六十年十二月六日金曜日

工務店をつうじて設計を依頼した建築設計事務所の方が土地区画整理法第七十六条第一項の許可の申請書を京都市役所の計画局都市整備部区画整理課（以降区画整理課と記述する）に提出する。

○昭和六十年十二月九日月曜日

設計を依頼した建築設計事務所の方から以下のような連絡を受ける。

「建築設計事務所に、誓約書も提出書類として必要であるということの電話が財団法人京都市土地区画整理協会（以降土地区画整理協会と記述する）よりあったとのこと。

早速、建築設計事務所の方が土地区画整理協会に行って、これまで許可された申請書に添えてある誓約書をみて、誓約書のひな型を作成する。そして、京都市洛西第二土地区画整理組合（以降組合と記述する）の地元の役員のハンコを押してもらうように言われる。」

その後、私が区画整理課の課長と話すが、誓約書と地元の組合の役員のハンコが必要であるとのことであった。

ここで、兵庫県の明石市に法律事務所がある弁護士さん（以降弁護士さんと記述する）に、誓約書と地元の組合の役員のハンコなしで、土地区画整理法第七十六条第一項の許可を取ってもらうように依頼する。

区画整理に反対すると、家を建てることが出来ないと言われていたが、このようなことが行われていたのである。

弁護士さんと区画整理課とのやりとり

ここからは弁護士さんと区画整理課とのやりとりを時系列で並べてみる。

○昭和六十一年一月二十三日の日付で申立書を京都市長に郵送している。

「　　　　申　　　　立　　　　書

昭和六十一年一月二十三日

京都市中京区寺町通御池上る上本能寺前町四八八番地

京都市長　○○○○殿

住所　△△△△

申　立　人　□□□□

住所　△△△
上記申立人代理人
弁　護　士　□□□□

申　請　の　趣　旨

申立人が京都市長に対して昭和六十年十二月六日付申請した土地区画整理法第七十六条第一項の規定による建築行為の許可についてすみやかに決定されたい。

申　請　の　理　由

申立人は、本件申請受理後、すみやかに許可が受けられると期待してきたが、申立人の請求にもかかわらず、ずるずるとのびており、困惑しているところであります。

申請後、土地区画整理協会が本件申請後、直接申請に関与、本件区画整理組合の役員の承諾印をもらえないと本件許可は出せないと、申立人側に通告してきました。

上記法第七十六条第一項は施行者組合の了解を本件許可の要件としておらず、法の要求する以上の過大な義務を申立人に押しつけるものであり、申立人はそれに従うつもりはありません。

よって申立人は、貴殿に対し、直ちに本件許可申請に対し、決定を行うことを請求します。

なお、関係図書の申請書の図面はさしかえてありますので、ご受理下さい。

添付書類

一、許可申請書　（昭和六十年十二月十九日　〇〇〇〇氏が預かり帰り、図面を訂正したもの）

二、図　　面　　　　　　三通（上記訂正後の図面）
三、委　任　状　　　　　一通　」

以上のような内容の申立書（もとの申立書は横書き）を京都市長に郵送している。

○昭和六十一年二月十七日の日付でさらなる申立書と申立人の報告書とを京都市長に郵送している。

「　申　立　書

昭和六十一年二月十七日

京都市中京区寺町通御池上る上本能寺前町四八八番地
京都市長　○○○○殿

住所　△△△△

申　立　人　□□□□

住所　△△△△

上記申立人代理人

弁　護　士　□□□□

記

昭和六十一年一月二十三日付で土地区画整理法第七十六条第一項の規定による建築行為の許可についてすみやかに決定される様上申しております。

申立人もはなはだ困っておりますので、申立人の報告書を付けて、申立します。申立てに対し行政は相当期間内に応える義務があること、右義務に違反した場合、損害賠償の義務がありうることを念のため申し添えます。
」

中立人の報告書（中立人が弁護士さんに昭和六十一年二月十二日に報告したもの）

「私は、昭和六十年十一月下旬に、○○工務店××××殿に、私の家の新築工事を依頼しております。建築確認がおりしだい、××××殿に工事にかかってもらう約束をしております。××××殿は建築確認がおりる前提で、他の工事をひかえて、待機してくれております。

しかし、あまりに、長期間、土地区画整理法第七十六条第一項の規定による建築行為の許可がおりないので、非常に、こまっております。はやく、なんとかしてほしいと、私に、××××殿が言っております。

これ以上、土地区画整理法第七十六条第一項の規定による建築行為の許可が遅れると、××××殿、私及び私の家族にいろいろの損害が発生してきます。

至急、土地区画整理法第七十六条第一項の規定による建築行為の許可をとって下さい。

昭和六十一年二月十二日

住所　△△△

氏名　□□□

住所　△△△

弁護士　□□□殿

」

以上のような内容の申立書（もとの申立書は横書き）と申立人の報告書（もとの報告書は横書き）とを京都市長に郵送している。

○昭和六十一年二月二十四日の日付で区画整理課の課長が弁護士さんあてに「洛西第

二地区土地区画整理事業に伴う土地区画整理法第七十六条第一項の建築行為の許可申請の件について」を郵送する。

昭和六十一年二月二十四日

京都市計画局区画整理課長

○○○

「

○○○法律事務所

弁護士　△△△殿

洛西第二地区土地区画整理事業

に伴う土地区画整理法第七十六条第一項の

建築行為の許可申請の件について

標記の件につき〇〇〇〇氏から許可申請が提出されている件につき事情説明をさせて頂きますので恐縮ですが下記日時に来庁願いたくよろしくお願い致します。
なお都合がつかない場合は指定日を連絡願います。
電話　〇〇〇
記
日　時　　六十一年三月六日　　午後二時
場　所　　京都市役所内　」
以上のような文書（もとの文書は横書き）を区画整理課の課長が弁護士さんに郵送している。
〇事情説明は昭和六十一年三月五日に弁護士さんの事務所に変更。

区画整理課の課長と指導係長が、弁護士さんの法律事務所に行き、土地区画整理法第七十六条第一項の規定による建築行為の許可申請の件について話をする。終了後、弁護士さんは、昭和六十一年三月五日付で「ご連絡」を京都市長に郵送する。

「　　ご　連　絡

本日は、〇〇〇〇の建築行為の許可の点につき、〇〇課長・〇〇係長においでいただき、ご苦労様でした。

組合の文書が法律上の要件ではないということについては意見が一致したわけです。席上明らかにしましたように、〇〇は組合と話し合いをしたり、組合から文書をもらうつもりはありませんので、速やかに許可についてのご判断をおねがいします。念のためご連絡しておきます。

昭和六十一年三月五日

弁護士　〇〇〇〇

京都市中京区寺町通御池上る
上本能寺前町四八八番地
(京都市計画局区画整理課気付)
京都市長　〇〇〇〇殿　　　」

以上のような内容の「ご連絡」を京都市長に郵送している。

京都市長の判断

〇昭和六十一年三月三十一日付で、京都市長より申立人に文書が送られてきた。

「

計区第一一四号

昭和六十一年三月三十一日

○○○○　殿

京都市長　○○○○

（担当　計画局区画整理課）

土地区画整理法第七十六条に規定する許可について

貴殿は、洛西第二土地区画整理組合が施行する土地区画整理事業の施行地区において建築行為等を行おうとされておりますが、当該組合の定款にはあらかじめ組合の承認を受ける旨の規定がありますので、その承認を受けた旨の文書を提出してくださいますようお願いいします。

」

以上のような内容の文書（もとの文書は横書き）を簡易書留郵便物として京都市役所計画局区画整理課から送られてきた。

○昭和六十一年四月三日付で弁護士さんが通知書を書留内容証明郵便物として明石郵便局から京都市長に送っている。

「　通　知　書

　昭和六一年三月五日付でもご連絡している様に（京都市計画局区画整理課気付）組合の承認の文書を添付するつもりはありません。

　再度、文書をもらう様当職に連絡もなしで本人に通知を出された件、まことに残念です

。本日指導係長〇〇〇〇殿に電話で警告して
おきましたが、すみやかに法律に従ったご判
断を申請します。

昭和六一年四月三日

住所△△△△
〇〇〇代理人
弁護士〇〇〇〇

京都市中京区寺町通御池上る
上本能寺前町四八八番地
京都市長〇〇〇〇殿
」

以上のような内容の通知書を書留内容証明郵便物として京都市長に郵送している。

その後、区画整理課の課長に裁判に訴えることをつたえると、昭和六十一年八月一日付で土地区画整理法第七十六条第一項の規定による建築行為の許可がでた。

もちろん、組合の承認なしに（誓約書と地元の組合の役員のハンコなしに）許可がでた。

○昭和六十一年八月一日付で土地区画整理法第七十六条第一項の規定による建築行為の許可がでた「許可書」の内容は以下の通りである。

「

許　可　書

京都市指令計整区第一七六七一一号

昭和六十一年八月一日

申請者（住所及び氏名）
住所　△△△△
○○○○　殿

京都市長　○○○○
（担当　計画局都市整備部区画整理課）

昭和六十年十二月六日付けで申請のありました建築行為等については、土地区画整理法第七十六条第一項の規定により下記のとおり許可します。

以下省略（もとの許可書は横書き）。」

「許可書」に記載されてあるとおり、昭和六十年十二月六日付で申請して、昭和六十一年八月一日に許可がでる。申請から許可まで八ヵ月かかっている。昭和六十年十二月六日付で申請して、昭和六十一年一月中旬から工事に着手するつもりであった。

ここに、出てきた京都市長、区画整理課の課長、係長は公務員である。いったい、どこを向いて仕事をしているのか。

日本国憲法

第十五条第二項

すべて公務員は、全体の奉仕者であつて、一部の奉仕者ではない。

突然の道路築造工事

自力救済の禁止

法律学小辞典第五版（編集代表 高橋和之・伊藤眞・小早川光郎・能見善久・山口厚　発行所 株式会社有斐閣）の七一二項の「自力救済」を引用する。

自力救済

民法上、例えば、借家人が家屋を立ち退かないので、家主が自らの実力でこれを追い出すなどのように、私人が司法手続によらず自己の権利を実現することをいう。自救行為ともいう。自力による権利の行使を広く認めると社会秩序が混乱するおそれがあるので、国家の権力が確立した今日では、私人の権利の実現は司法手続を通して行うのが原則で、自力救済は許されない。自力の行使に対しては占有訴権により原状回復を請求でき、また不法行為を理由として損害賠償責任を追及できる。

（以下省略）

したがって、暴力的な力による解決はだめで、裁判所に訴えなければならない。

平成九年五月下旬。所有している田に、突然、道路築造工事を所有者の同意なしに、京都市洛西第二土地区画整理組合が始めた。日本は法治国家であり、自力救済は禁止されているはずである。

工事現場において、工事人に対して抗議し、工事を止めるように要求し、工事人は工事を中止した。その後、土地の出入り口付近に、杭を打ち込み有刺鉄線を張り、庭石を置き、「立入禁止」の看板を設置した。

（平成9年6月21日　工事現場写真　筆者撮影）

五ヵ月後、驚いたことには、平成九年十一月四日に、京都市洛西第二土地区画整理組合が、京都地方裁判所に以下のような申立てをしたことである。

「　工事妨害禁止仮処分申立書

京都市上京区中町通丸太町下る駒之町五六一番地の一〇
財団法人　京都市土地区画整理協会内
債　権　者　京都市洛西第二土地区画整理組合
右代表者理事長　〇〇〇〇

住所　〇〇〇〇
右債権者代理人
弁　護　士　〇〇〇〇

住所　○○○○

債　務　者　○○○○

申立の趣旨

一　債務者は債権者に対して、別紙第一物件目録記載の土地上に存在する別紙第二物件目録記載の有刺鉄線および庭石を撤去せよ。

二　債務者は、債権者が別紙第一物件目録記載の土地について行なう道路築造工事を妨害してはならない。

三　債務者は、債権者が別紙第三物件目録の土地及びその周辺において行う整地工事を妨害してはならない。

との裁判を求める。

申立の理由

（途中省略）

一九九七年十一月四日

右債権者代理人

弁　護　士　〇〇〇〇

京都地方裁判所

民事部　　御中」

建築行為の許可のときは、兵庫県明石市に法律事務所のある弁護士さんにお願いしたが、今回は京都市に法律事務所のある弁護士さんにお願いすることになる。

なお、昭和六十二年から平成七年にかけて、債権者の土地区画整理事業の水路工事の施工に伴い、債務者の土地及び地上建物に水害が発生したので、債権者である京都市洛西第二土地区画整理組合と話し合いをしたのは事実であるが、道路築造工事に同意したことはなかった。その時に、交渉内容を録音していたのが役に立った、証拠物件として、録音テープと録音テープ翻訳録を裁判所に提出した。ここで、裁判所に提出する証拠として、録音テープのみではだめで、その録音した会話を文字に書き起こしたものが必要である。

平成十年一月三十日に京都地方裁判所で決定が以下のようにあった。

「平成九年(ヨ)第一三三三号仮処分事件

決　定

京都市上京区中町通丸太町下る駒之町五六一番地の一〇
財団法人　京都市土地区画整理協会内
債　権　者　京都市洛西第二土地区画整理組合
右代表者理事長　〇〇〇〇
右訴訟代理人弁護士　〇〇〇〇

住所　〇〇〇〇
債　務　者　〇〇〇〇
右訴訟代理人弁護士　〇〇〇〇

主　文

一　本件申立てをいずれも却下する。

二　申立費用は債権者の負担とする。

理　由

（途中省略）

平成一〇年一月三〇日

京都地方裁判所第五民事部

裁判官　〇〇〇〇　」

却下するとは、申立て内容を審理することなく、門前払いすることである。
平成十年二月十日に、京都市洛西第二土地区画整理組合は大阪高等裁判所に即時抗告をするのであるが、これを取り下げている。

これで、普通なら一件落着となるのであるが……。

原状回復請求（京都地方裁判所）

京都市洛西第二土地区画整理組合は、再び、所有者の同意を得ることなく、かつ裁判所による判決及び強制執行という手段を経ることなく、平成十年五月頃、コンクリート打設工事に着手した。

再度の道路築造工事は、京都地方裁判所で敗訴決定を受け、大阪高等裁判所に即時抗告の申立をしたが、これを取り下げた後に強行されたものであり、極めて悪質な行為であるといわなければならない。

平成十年八月三日に、以下のような訴状を京都地方裁判所に原告として提出することになる。なお、訴状の請求の趣旨の二については平成十年十一月十八日に準備書面（一）で訂正したものを記載する。

「訴　状

住所　〇〇〇〇

原　　告　〇〇〇〇

住所　〇〇〇〇

右原告代理人

弁　護　士　〇〇〇〇

京都市上京区中町通丸太町下る駒之町五六一番地の一〇

財団法人京都市土地区画整理協会内

被　　告　京都市洛西第二土地区画整理組合

右代表者理事長　〇〇〇〇

請求の趣旨

一、被告には、別紙物件目録（一）記載の土地について区画形質を変更し、土地の構成部分である土石等を除去移転する権限がないことの確認を求める

二、被告は、原告に対し、別紙物件目録（二）記載の土地に被告が打設したコンクリート及びその上辺部分に敷いたアスファルト並びにコンクリート擁壁を撤去し、撤去した後の部分に土、砂を埋め、同土地を田として利用できるようにして原状回復せよ

三、被告は、原告に対し、金八〇万円を支払え

四、訴訟費用は被告の負担とする

との判決並びに第二項三項について仮執行宣言を求める。

請求の原因

（途中省略）

一九九八年八月三日

右原告代理人

弁　護　士　　〇〇〇〇

京都地方裁判所　御中　　」

今回は、前回の工事妨害禁止仮処分申立の事件のときにお世話になった弁護士さんに、引き続き担当してもらうことになる。

原告である父が平成十一年に死亡して、裁判は引き継ぐことになる。父は八十歳で死亡するが、母とともに大変苦労したみたいである。

祖父（父の父親）は、本当は分家するはずであったが、祖父の兄が死んだため、分家することが出来ず、未亡人となった祖父の兄の妻と結婚して、祖父の兄の子供の面倒をみる事になってしまった。もちろん、祖父の兄の妻は再婚になり、祖父は初婚であった。そうして、その後、父が生まれた。その当時、本家には財産があまりなかったが、祖父、父、祖父の兄の子等が骨折り野菜等を栽培し、借金しながら、田を買って財産をふやしたみたいである。

祖父と父によってつくられた財産は相当あり、分家するときに持って出るはずであったが……。

しかし、父が分家するときには、ほとんど住む家とその敷地のみであったらしい。それからまた父は、頑張って野菜等を栽培し、借金しながら、田を買っていったみたいである。そのため、母も並々ならぬ苦労をしたようだ。

平成十三年五月二十一日、京都地方裁判所で判決（もとの判決は横書き）が以下のようにあった。

「平成十年(ワ)第二二二〇号　原状回復等請求事件
（平成十三年四月十一日・口頭弁論終結）

判　決

住所　〇〇〇〇
原　告　〇〇〇〇
右訴訟代理人弁護士　〇〇〇〇
京都市上京区中町通丸太町下る駒之町五六一番地の一〇

被　　　　告　京都市洛西第二土地区画整理組合
右代表者理事長　○○○○
右訴訟代理人弁護士　○○○○

主　　文

一　原告の請求をいずれも棄却する。
二　訴訟費用は原告の負担とする。

事実及び理由

（途中省略）

京都地方裁判所第三民事部

裁　判　官　〇〇〇〇」

棄却するとは、申し立ての内容を審理した上で退けることである。
この判決について、あとで「控訴」で詳しく述べるが、事実認定と法解釈について誤りがあり、この裁判官は、一体、どこを向いて判決を書いたのだろうか。

日本国憲法

第七十六条第三項

すべての裁判官は、その良心に従ひ独立してその職権を行ひ、この憲法及び法律にのみ拘束される。

なお、この裁判官は平成十六年に大阪高等裁判所に異動する。

控訴（大阪高等裁判所）

二週間以内に控訴しなければ判決が確定してしまう。
平成十三年五月三十日に以下のような控訴状（もとの控訴状は横書き）を控訴人（原告）として大阪高等裁判所に提出することになる。

「控　訴　状

住所　〇〇〇〇
控　訴　人（原告）　〇〇〇〇
住所　〇〇〇〇

控訴人（原告）代理人
弁　護　士　　〇〇〇〇

京都市上京区中町通丸太町下る駒之町五六一番地の一〇
被控訴人（被告）　京都市洛西第二土地区画整理組合
代表者理事長　〇〇〇〇

原状回復等請求控訴事件

上記当事者間の京都地方裁判所平成十年(ワ)第二一二〇号原状回復等請求事件について、平成十三年五月二十一日判決の言渡があり、同年五月二十二日判決正本の送達を受けたが、全部不服であるので控訴を提起する。

原判決の表示

主　文

一　原告の請求をいずれも棄却する。

二　訴訟費用は原告の負担とする。

控訴の趣旨

一　原判決を取り消す。

二　被控訴人は、控訴人に対し、別紙物件目録（二）の土地に被控訴人が打設したコンクリート及びその上辺部分に敷いたアスファルト並びにコンクリート擁壁を撤去し、撤去した後の部分に土、砂を埋め、同土地を田として利用できるようにして原状回復せよ。

三　被控訴人は、控訴人に対し、一〇四万三五二五円、及びうち二四万三五二五円に対する平成十二年四月十八日から支払い済みまで年五分の割合による金員を支払え。

四　訴訟費用は第一審、二審とも被控訴人の負担とする。

との判決を求める。

控訴の理由

追って、準備書面にて提出する。

添付書類

一　訴訟委任状　　　　一通

二〇〇一年五月三十日

控訴人（原告）代理人
弁　護　士　　　〇〇〇〇

大阪高等裁判所　御中　」

さらに、三ヵ月後、平成十三年九月十八日に以下のような控訴理由書（もとの控訴理由書は横書き）を提出する。

「平成十三年(ネ)第二一二三三号　原状回復等請求控訴事件

控　訴　人　〇〇〇〇

被　控　訴　人　京都市洛西第二土地区画整理組合

二〇〇一年九月十八日

右控訴人代理人

弁　護　士　〇〇〇〇

大阪高等裁判所第一一民事部二係　御中

控訴理由書

第1　原判決は、事実認定においても、土地区画整理法（以下、単に法という。）及び民法の解釈においても、誤った事実認定及び法解釈をしており、取り消しを免れないというべきである。

第2　原判決の事実認定の誤りについて

1　被告が、Xに対し、仮換地の指定をした際に、法九十九条二項所定の使用収益の日を別途定める旨の通知をしたかどうかの争点に関する事実認定

（途中省略）

2　斜線部分の道路造成工事が明確に確認されたとする事実認定

（途中省略）

3　被告が、Xの占有権を侵害したかどうかの争点に関する事実認定

（途中省略）

第3　原判決の法解釈の誤りについて

（途中省略）

第4　民法の解釈の誤りについて

（以下省略）」

原判決には、事実認定の誤りが三つあり、法解釈の誤りが二つある。ここでは、占有権の侵害の事実が認められないと判示した誤りと民法の解釈の誤りについて平成十三年(ネ)第二二三三号原状回復等請求控訴事件の控訴状の控訴理由書から引用する。

○占有権の侵害の事実が認められないと判示した誤りについて

控訴理由書の四項と五項と六項より、引用する。

「３　被告が、Ｘの占有権を侵害したかどうかの争点に関する事実認定

⑴原判決は、第三、二、８において

原告が主張するＸに対する占有権の侵害は、その事実が認められないと判示したが、占有権侵害の事実が認められないという認定の根拠を一切示していない。

⑵第一審における原告及び被告の主張を前提として、Xの占有の有無及び被告による侵害事実を整理すれば、次のとおりである。

第1に、Xが、別紙物件目録㈡記載の土地（以下、原判決の判示と同様「斜線部分」という。）を含む従前地をもと占有していたことは、被告も認めている（一九九九年八月二十日付被告準備書面）。

第2に、仮換地指定は土地の使用収益権という私権に影響を及ぼす行政処分であるが、指定があっただけで当然に事実状態としての占有を基礎とする占有権の移転移動を生じさせるものではない（最高裁昭和二十七年五月六日判決、最高裁昭和三十年七月十九日判決）ので、仮換地指定後も、Xが斜線部分を含む従前地を占有していたことは、争いようのない事実である。

第3に、被告は、一九九九年八月二十日付及び同年十二月二十一日付被告準備書面において、Xの占有が移転した時期を主張するが、いずれも占有権を移転させる合意があったとする主張ではなく、また、現に被告がそれらの時期以降に、Xの占有を排除して実力的支配を設定したとする主張でもないから、Xの占有が移転したとする主張としては失当である（一九九九年九月二十八日付原告準備書面に詳しい）。

第4に、被告は、斜線部分について、Xの同意を得ることなく（京都地方裁判所の仮処分決定によりXの同意のないことは明らかである）かつ裁判所による判決及び強制執行という手続きを経ることなく、株式会社○○建設を立ち入らせるという実力行使によって、一九九七年（平成九年）五月三十日から鋤取工事に着手（以下、本件第一工事という。）したことも、争いのない事実（被告は答弁書で認めている）である。

第5に、X及びYは、被告の本件第一工事に対し、直ちにこれに抗議し、同工事を中止させ、斜線部分に有刺鉄線を張り、庭石を置き、立入禁止の看板を設置するなどして本件第一工事を阻止し、引き続いて斜線部分を実力支配していた（甲四決定書の事実整理参照）。この事実は、被告がXを相手に、後記仮処分申請及び本案訴訟を提起したことからも明らかである。

第6に、被告は、Xによる本件第一工事への阻止行動につき、妨害排除請求等の仮処分を申請したが、京都地方裁判所は、同申請を却下する旨の決定をし、被告は、その却下決定に対して抗告をしたものの、これを取り下げたこと並びに被告は、Xを被告として斜線部分の妨害排除請求等を求める本案訴訟を提起しながらも、これも取り下げたことは、いずれも争いのない事実である。

第7に、被告は、再び、Xの同意を得ることなく、かつ裁判所による判決及び強制執行という手続きも経ることなく、平成十年五月頃、コンクリート打設工事に着手（以下、本件第二工事という。）したことも、争いのない事実（被告は答弁書で認めている）である。

以上により、被告が、Xの占有権を侵害して、本件第一及び第二工事を実力で強行したことは、主張上、明らかである。

⑶前項の、被告がXの占有権を侵害して本件第一及び第二工事を実力で強行したことは、証人Yの証言からも明らかであり、証人Zの証言は、その事実を否定するものではない。

⑷以上により、原判決が、被告がXの占有権を侵害した事実が認められないと判示したのは、第一審の原告被告の主張にも反し、かつ原審に提出された各証拠とも矛盾する、極めて理解しがたい態度である。

しかも、原判決は、Xの占有権を侵害した事実を否定した理由及び根拠を何ら示していないが、本件訴訟の最も重要な争点に対する判断について、その結論の理由も根拠も示さないという姿勢は、司法判断の放棄というべきである。」

○民法の解釈の誤りについて

控訴理由書の六項と七項より、引用する。

「第４　民法の解釈の誤りについて

1　民法百八十条は、占有に基づく占有権を認めている（同法百八十条）。

2　Xが、斜線部分を占有し、占有権を有していたことは、前述したとおりである。

証人Yの証言によれば、Xは、一九九二年（平成四年）あるいは一九九三年（平成五年）頃まで、斜線部分を含む従前地を水田あるいは畑として使用してきたこと、その後排水ができなくなったので、トラクターで耕すなどして管理してきたこと、一九九六年（平成八年）か一九九七年（平成九年）以降、柚子や無花果等を植樹するなどして使用してきたことが認められる。証人Zの証言も、こうしたXの従前地の使用利用状況を、積極的に否定する内容ではない。

そして、こうしたXの、斜線部分を含む従前地の占有状態が、一九九七年（平成九年）五月三十日の本件第一工事が実施されるまで続いていた。

3　Xの、斜線部分を含む従前地の占有に対し、被告が、本件第一工事及び本件第二工事によって侵害したことは、前述したとおりである。

4　原判決は、被告は、法百条の二、八十条により、斜線部分の道路造成工事を施工することができる（第三、二、3）とか、平成八年十月以降は、その本来の権限である道路造成工事を施工することを明確に表明した（第三、二、6）とか述べて、被告が斜線部分の道路造成工事を施工したのは、法律上は適法であると判示する（第三、二、6）。

かかる権限が被告にあるのかは問題であるが、仮に、被告に、斜線部分について道路造成工事を行う権限があったとしても、Xの占有権を侵害し、実力で工事を行うことは、いわゆる自力救済として法が禁止していることである。

例えば、被告が、斜線部分の所有権を有していたとしても、同土地を占有しているXの占有権を侵害する行為は、占有訴権の対象となる違法な行為である。

5　原判決は、第三、二、7において、Xにおいて、被告が斜線部分で道路造成工事を進めることによって、自己の権利が害されるような関係には一切ないと判示しているが、道路造成工事によってXの斜線部分に対する占有権が侵害された事実を無視した暴論である。

同時に、原判決は、被告に道路造成工事を施工する権限があるのかどうかという本権の議論と斜線部分を占有するXの占有権限を侵害した場合の占有訴権の成否の議論とを混同し、民法の基本的な解釈を誤った違法があるというべきである。」

なお、控訴理由書のなかにあるXは父であり、Yは筆者である。

控訴から六ヵ月後、平成十三年(ネ)第二二三三号原状回復等請求控訴事件について、平成十三年十二月十一日午前十時三十分に、大阪高等裁判所第十一民事部和解室で、京都市洛西第二土地区画整理組合との和解が成立する。

和解を担当していただいた裁判官は、翌年の平成十四年四月より国立大学の大学院法学研究科の助教授に転身され、二年後、教授になられた。

「昭和四十六年ごろ、某準備委員が戸別訪問され、同意書を示し、署名捺印したのですが、その時、定款及び事業計画については一切説明を受けていません」から始まり、平成十三年十二月十一日の大阪高等裁判所での和解成立まで、三十一年間かかったが、いままで述べたことは私の実体験である。少しでも多くの方に区画整理の実態を知っていただければ、幸いである。


いまわかったことは、組合が土地区画整理法第十八条に違反して設立されたならば、裁判によって、すぐに、組合の設立の認可処分を取り消すことである。

その後、京都市洛西第二土地区画整理組合は、平成十七年九月二日土地区画整理法による換地処分が行われた。

合算減歩率は二四・九八パーセントで、都市計画道路としてⅠ・Ⅲ・四九号久世梅津北野線（桂川街道）が新設され、Ⅰ・Ⅲ・一一号国道九号線が拡幅された。

なお、合算減歩率は京都市情報館のホームページにある土地区画整理事業施行一覧表で検索できる。

京都市洛西第二土地区画整理組合については、土地区画整理法第十八条に違反する同意のとりかたによって、多くの人たちが苦しんだのではないだろうか。

書きおえて

第二部では京都市洛西第二土地区画整理組合が施行する土地区画整理事業について書いたが、組合が土地区画整理事業を施行しようが、都道府県または市町村が土地区画整理事業を施行しようが、土地区画整理法に基づいて行うものであるから、土地が値上がりしたら、その分だけ土地をタダどりする。これは、日本国憲法第二十九条第三項「私有財産は、正当な補償の下に、これを公共のために用ひることができる。」に違反している。

実際に、土地区画整理事業の話がでたときには、どうすればよいか。それは、第一部の辻堂南部地区のように、区画整理計画を白紙撤回させて、住民による町づくり運動をすることである。

また、組合が土地区画整理法第十八条に違反して設立されたならば、裁判によって、すぐに、組合の設立の認可処分を取り消すことである。

最後に、私の三十一年におよぶ区画整理の実体験が、少しでも参考になったならば幸いである。

区画整理はおそろしい

2024年1月16日　第1刷発行

著　者　伊勢健二（いせけんじ）

発行者　太田宏司郎
発行所　株式会社パレード
　大阪本社　〒530-0021　大阪府大阪市北区浮田1-1-8
　　　　　　TEL 06-6485-0766　FAX 06-6485-0767
　東京支社　〒151-0051　東京都渋谷区千駄ヶ谷2-10-7
　　　　　　TEL 03-5413-3285　FAX 03-5413-3286
　https://books.parade.co.jp
発売元　株式会社星雲社（共同出版社・流通責任出版社）
　　　　〒112-0005　東京都文京区水道1-3-30
　　　　TEL 03-3868-3275　FAX 03-3868-6588
装　幀　藤山めぐみ（PARADE Inc.）
印刷所　中央精版印刷株式会社

ISBN 978-4-434-33211-1 C0030